浙江省高水平专业群建设项目系列教材

U0248587

SketchUp效果图制作项目实践

主　编◎许　灿　高云荣　张立平

副主编◎吴岳芳　高　洁　郑月婵

参　编◎张　全　许　骅　刘敦强

　　　　梁念龙　廖　宁

清华大学出版社

北　京

内 容 简 介

本书是一本旨在帮助学习者通过实际项目实战提升其 SketchUp 技能的教材。本书系统介绍了 SketchUp 的常用命令和操作技巧，包括软件介绍、基础命令使用、室内外效果图绘制等内容。

通过本书，学习者将学会如何运用 SketchUp 软件创建效果图。书中还详细解释了绘制效果图的关键技巧，如建模技巧、灯光设置、材质应用以及渲染设置等。此外，本书还提供了实际项目案例，引导学习者逐步完成建筑、室内或园林景观设计的效果图绘制过程。

本书强调实践操作，每个项目都包含技能拓展和实战项目，让学习者能够运用所学知识进行实际操作和练习。通过这些项目实战，学习者将培养创造力、设计思维和问题解决能力。

无论是初学者还是有一定经验的 SketchUp 用户，都能从本书中获得实用的技巧和方法，提升在建筑、室内设计和景观设计等领域的效果图绘制能力，实现自己的设计理念，并展示出专业水准的作品。

图书在版编目（CIP）数据

SketchUp 效果图制作项目实践 / 许灿，高云荣，张立平主编 . —北京：清华大学出版社，2024.7
ISBN 978-7-302-65064-5

Ⅰ．①S… Ⅱ．①许… ②高… ③张… Ⅲ．①建筑设计—计算机辅助设计—应用软件—高等职业教育—教材 Ⅳ．① TU201.4

中国国家版本馆 CIP 数据核字（2023）第 233669 号

责任编辑：徐永杰
封面设计：汉风唐韵
责任校对：王荣静
责任印制：刘海龙

出版发行：清华大学出版社
　　　　网　　　址：https://www.tup.com.cn，https://www.wqxuetang.com
　　　　地　　　址：北京清华大学学研大厦 A 座　邮　编：100084
　　　　社 总 机：010-83470000　　　　邮　购：010-62786544
　　　　投稿与读者服务：010-62776969，c-service@tup.tsinghua.edu.cn
　　　　质量反馈：010-62772015，zhiliang@tup.tsinghua.edu.cn
印 装 者：涿州汇美亿浓印刷有限公司
经　　销：全国新华书店
开　　本：185mm×260mm　　印　张：12.5　　字　数：258 千字
版　　次：2024 年 7 月第 1 版　　印　次：2024 年 7 月第 1 次印刷
定　　价：69.80 元

产品编号：101758-01

前 言

SketchUp 三维绘图软件介绍

SketchUp（草图大师）是一款在室内外设计中常见，而且易于使用的三维图纸表现软件。其简单的操作界面和易于上手的操作命令，让人非常容易进行三维模型的创建。不管是从事场景简单的室内设计、建筑设计，还是场景复杂的大型的规划设计项目，以及工业设计等，都可以使用 SketchUp 这个软件来完成效果表现，并且能够获得较好的三维视觉效果。

本书不仅讲述了 SketchUp 软件的基本操作知识，而且通过常见的项目案例的分析，结合较为详细的效果图制作步骤的讲解，本着让读者能够活学活用的原则，真正做到了把 SketchUp 软件基本操作和实际项目表现较好地结合，并融会贯通。

内容导读

本书以 SketchUp 的软件操作为主要内容，结合 CAD 软件、D5 渲染器、Enscape 渲染器等较为常用的渲染引擎，以及 Photoshop 效果图后期处理，讲解了利用 SketchUp 在居住空间设计、民宿室内设计、庭院景观设计、建筑外观设计以及全国职业院校技能大赛（园艺赛项）等设计项目中建模和渲染技巧。

本书分为以下几部分内容。

项目 1，讲解 SketchUp 软件的基础认知、使用以及绘图工具的使用方法和技巧。

项目 2，讲解室内外单体模型的制作，主要从室内外常用的单体模型制作入手，讲解建模的基础知识。

项目 3，客厅效果图制作，主要讲解室内效果图模型的创建、材质贴图、灯光渲染方面的知识。

项目 4，民宿效果图的绘制，主要讲解民宿效果图从模型到材质最终出图渲染的方法以及技巧。

项目 5，庭院景观效果图的绘制，主要讲解庭院景观效果图建模渲染的技巧以及利用 Enscape 渲染器渲染出图的方法。

项目 6，乡村民宿建筑效果图的绘制，主要讲解利用 CAD 图样绘制乡村民宿建筑效果图，讲解了乡村民宿建筑效果图的制作方法、渲染技巧。

项目 7，全国职业技能大赛（园艺赛项）效果图绘制技巧，主要讲解建模技巧以及利用 Photoshop 进行后期处理的技巧。

内容特色

本书编者主要是高校教师和企业的一线设计人员，在编写过程中改变了传统的软件教材中以命令为基础的讲解模式。针对现阶段职业教育的特点以及项目化学习的实际要求，同时结合编者的实践经验，精心选择了实际的项目案例，并采用了由简单到复杂的讲解方法，使读者在较短的时间掌握利用 SketchUp 软件来绘制所需要的一系列三维模型的表现方法。本书最大的特点在于案例丰富实用、方法系统综合、讲述通俗易懂。它不仅适用于普通本科院校、高职院校的教学，还能够结合实际工作，作为自学和培训参考教材。

感谢华汇工程设计集团股份有限公司、绍兴丽景园艺有限公司提供的项目案例和相关的技术支持。同时也感谢广州华夏职业学院、绍兴文理学院元培学院、百色学院等相关老师在编写过程中给予的大力支持。由于作者的水平有限，本书在编写过程中难免有不足之处，恳请广大读者在使用过程中予以批评指正。

许灿

2024 年 2 月

目 录

项目1
初认 SketchUp

    SketchUp 是一款相对来说易于学习和掌握的数字三维建模软件。它最大的特点是界面简单，操作命令使用也比较简单，可以比较方便地进行数字三维建模，同时也能够比较好地与 Enscape、Lumion 等相关渲染软件或插件结合，完成室内外效果图的表现等。由于在设计的过程中，设计师需要对已经构思的草图方案进行推敲，对设计思维进一步深化，因此草图大师这种相对来说操作简单、界面简洁的软件，对于设计的快速表现提供了快捷方式。

    SketchUp 作为近几年在效果图表现中运用越来越多的三维表现软件之一，随着与相关渲染插件兼容性的不断提升，其运用领域越来越广泛，能够较好地胜任室内设计效果图表现。图 1-1 所示为住宅区规划效果图，图 1-2 所示为新中式园林景观效果图，图 1-3 所示为建筑外观效果图表现。

图 1-1　住宅区规划效果图

图 1-2　新中式园林景观效果图

图 1-3　建筑外观效果图

 项目提要

　　本项目通过对 SketchUp 基础命令的解析，让读者对软件的基本操作有了初步认识，在项目的讲解过程中，通过实例运用，结合不同的操作技巧，提升了绘图的效率，同时强调了软件操作过程中经常出现的问题和解决的方案，为后续的软件学习打下基础。

建议学时

6 学时。

任务 1-1　SketchUp 界面的认知和使用

 情境导入

在老师的带领下，学生观看乡村建筑外观效果图设计案例，老师介绍该项目建筑外观表现的特点，引起学生对软件学习的兴趣。通过情境引导，老师提问同学关于效果图表现的认知，并进一步讲述 SketchUp 软件学习的特点以及方法，为接下来系统教学的安排做好准备。

 任务目标

知识目标：

1. 了解 SketchUp 软件的应用场景。

2. 熟悉 SketchUp 软件界面的功能和作用。

3. 掌握 SketchUp 绘图的基本设置以及界面工具的运用技巧。

技能目标：

1. 掌握学生三维效果图的多种表达方式。

2. 提高学生自主学习的能力。

3. 深化学生 SketchUp 软件效果图的表达能力。

素质目标：

培养学生良好的解决问题和沟通问题的能力。

思政目标：

1. 引导学生运用 SketchUp 软件来展现中国传统文化。

2. 树立学生精益求精的工匠精神。

一、启动 SketchUp 工作界面

1. 启动 SketchUp 软件

启动电脑桌面上已经安装好的草图大师软件，如图 1-4 所示。

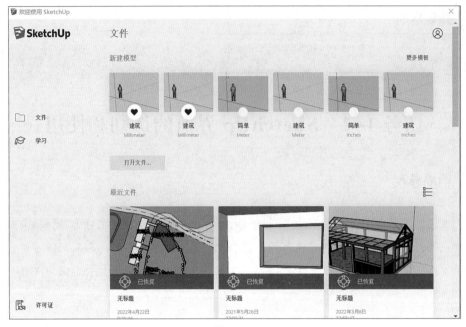

图　1-4

2. 选择绘图模板

　　SketchUp 软件启动以后，根据需要选择相对应的模板。在平时建模过程中，有可能绘制的是室内设计效果图，也有可能绘制的是建筑外观效果图，因此根据需要选择对应模板，如图 1-5 所示。

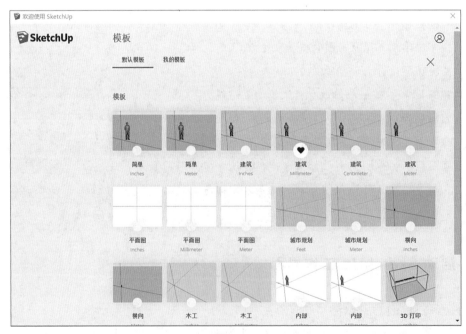

图　1-5

启动草图大师软件以后，可以看到相对应的工作界面，在界面上方是菜单栏，界面的左方是大工具栏，如果打开界面时不显示工具栏，我们可以执行"视图"—"工具栏"，勾选"大工具集"，如图 1-6 所示，在草图大师界面就可以显示出工具栏。

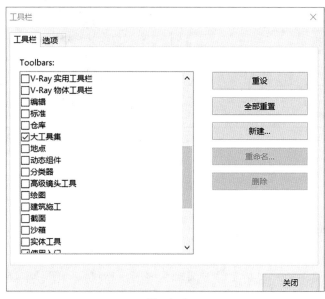

图　1-6

二、设置 SketchUp 绘图参数

在正式开始 SketchUp 绘图之前，对软件的基本设置做一些调整，可以提升作图的效率。SketchUp 作为一款相对来说比较简单的软件，其绘图前的一些基本设置通常也比较简单，主要包括绘图单位和自动保存时间的设置。

1. 设置绘图单位

选择"窗口"菜单栏，单击"模型信息"，如图 1-7 所示。进入模型信息对话框，一般情况下，绘图作为小型空间，绘图单位基本上都以毫米作为单位，需要勾选"启用长度捕捉"和"显示单位格式"，同时也要勾选"启用角度捕捉"。设置完成以后，关闭对话框。

2. 设置自动保存时间

选择菜单栏中的"窗口"命令，单击"系统设置"，弹出系统设置对话框，如图 1-8 所示。为了避免在作图过程中文件丢失，草图大师软件有一个自动保存的功能，但是频繁地自动保存，会降低我们的作图速度。正常情况下，建议设置每 20 分钟自动保存一次。

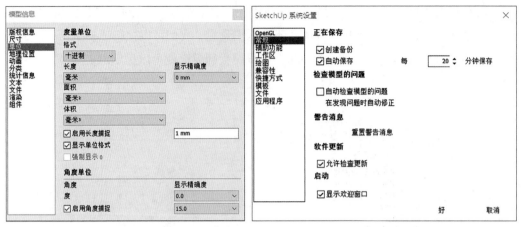

图 1-7　　　　　　　　　　　　图 1-8

三、熟悉 SketchUp 菜单栏

草图大师的菜单栏，包括文件、编辑、视图、相机、绘图、工具、窗口等相应的几个选项。

1. 认识文件菜单

文件选项包括以下内容。

（1）新建。绘图开始之前，需要新建一个草图大师的工作界面，打开命令，可以打开已经绘制好的场景模型。

（2）保存。打开草图大师操作界面以后，在作图工作正式开始之前，需要首先单击"保存"按钮，把即将进行绘制的草图大师文件保存到计算机合适的位置，同时在绘图的过程中随时注意保存，以防止文件丢失。保存的文件一般是".skp"格式。

（3）另存为。在作图工程中，当我们对文件修改以后，如果还想保留原文件，可以选择另存为，把修改的文件另行存储。

（4）导入。SketchUp 可以导入多种格式的文件，常用文件格式如 .3ds、.dwg、.JPG 等相关的图形文件，为 SketchUp 建模提供一定的帮助。

（5）导出。导出命令里可以选择导出三维模型和二维图形。三维模型主要是可以利用草图大师模型，导出 .3ds 格式的文件，配合 3D Max 运用。二维图形主要是可以利用操作大师绘制的模型直接导出 .JPG 格式图形，方便在不同的设备上查看模型效果，如图 1-9 所示。

小技巧：在导出 .JPG 格式文件的过程中，可以在导出二维图形对话框中单击"选项"调整图片大小，以满足图形查看的需要，如图 1-10 所示。

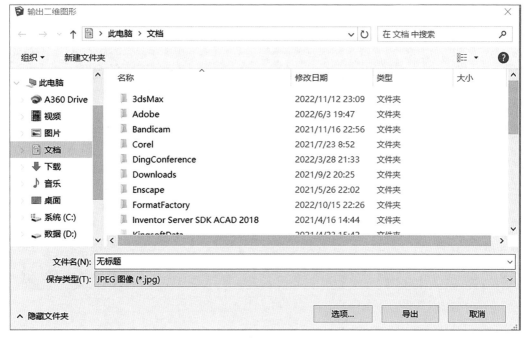

图　1-9

2. 认识编辑菜单

编辑菜单重要的常用命令包括撤销、复制、隐藏、锁定、群组、组件等。

（1）撤销。取消上一步操作命令，使模型回到上一步操作命令之前的状态。

（2）隐藏。在建立复杂模型时，为了更好地观察模型，可以选择隐藏部分模型，以提升作图效率，具体操作为，选择场景中需要隐藏的模型，右击，在弹出的对话框中单击"隐藏"。物体隐藏前后的对比情况，如图 1-11 所示。

显示被隐藏物体的操作步骤为，单击"编辑"菜单，在弹出的对话框中选择"撤销隐藏"命令，可以根据需要选择撤销的模型内容。

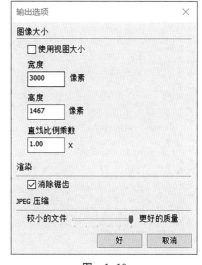

图　1-10

（3）锁定。为了使部分模型在绘图过程中不干扰相关绘图操作，可以选择对其锁定。物体被锁定以后，光标放在上面，物体显示红色线框，如图 1-12 所示。

锁定只能针对群组或者组件的物体。

（4）群组。在使用过程中可以使一个或几个物体形成一个群组，双击进入群组内部，可以再一次对群组的物体进行编辑。

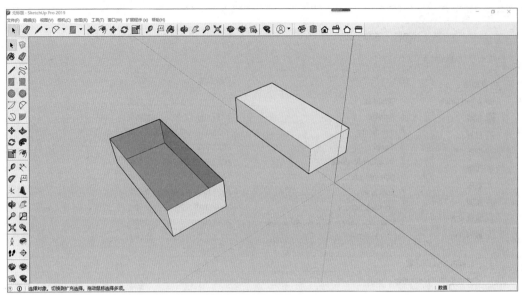

图　1-11

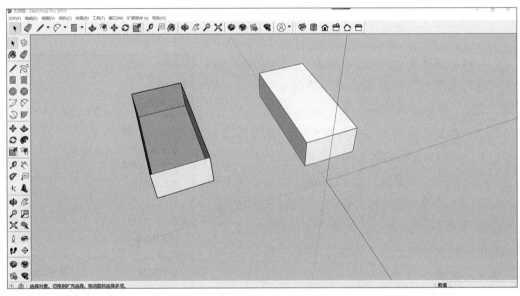

图 1-12

（5）组件。被组件的物体在复制后，所有物体都继承了被复制物体的属性，修改其中任何一个物体，所有物体都会同时发生改变，如图 1-13 所示。

3. 认识视图菜单

视图工具栏在建模中常用到的主要命令有"工具栏""阴影""表面类型"等。

（1）工具栏。其主要是用于显示和隐藏工具栏面板在界面上的显示。

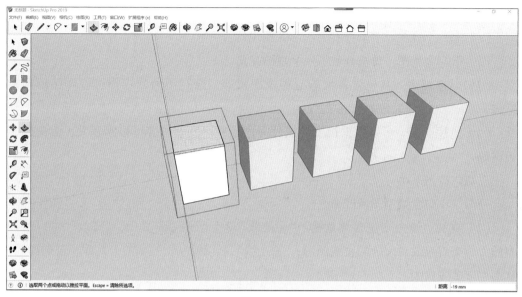

图　1-13

（2）阴影。其主要是控制物体阴影的开关。通过"视图"—"工具栏"—勾选"阴影"对话框，可以显示阴影控制面板，通过面板可以调节阴影的相关参数，如图 1-14 所示。

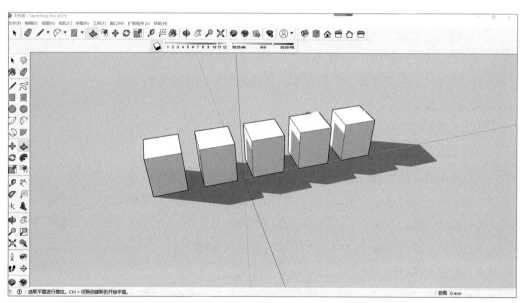

图　1-14

（3）表面类型。表面类型分为"X 光透视模式""线框显示""消影""着色显示""贴图""单色显示"六种。在绘图过程中，我们可以根据需要对物体采用不同形式的表面类型的显示模式，常用的模式为贴图模式。

4. 认识相机菜单

（1）上一个视图。单击查看上一个视图视角。

（2）下一个视图。单击查看下一个视图视角。

（3）标准视图。其包含常见的七种视图模式，通过不同的选择可以调整不同的模式。

（4）照片匹配。可以根据提供的照片完成建模。其余内容可以参考大工具集的相关讲解。

5. 认识绘图菜单

绘图菜单包含绘制图像的命令。

（1）直线。该命令包含"直线""手绘线"2个子命令。其中，"直线"可以绘制直线、相交直线或者闭合的直线图形；"手绘线"可以绘制不规则的、共面相连的曲线，从而创造多段曲线。

（2）圆弧。该命令包含4个子命令，分别为"圆弧""两点圆弧""三点圆弧"和"扇形"。

①圆弧。执行该命令可以绘制任意圆弧和精确圆弧。

②两点圆弧。执行该命令可以根据起点、终点、凸起部分绘制圆弧。

③三点圆弧。执行该命令可以根据圆周上的三点绘制圆弧。

④扇形。执行该命令可以从中心和两点绘制圆弧，也就是扇形。

（3）形状。该命令包含4个子命令，分别为"矩形""旋转长方形""圆""多边形"，可以画出各种封闭的二维图形。

（4）沙盒。该命令包含2个子命令，是创造地形的主要绘图工具。

6. 认识工具菜单

工具菜单主要包括对物体进行操作的常用命令。

（1）选择。选择指定物体，以便对其进行其他命令操作。

（2）橡皮擦。执行该命令可以删除边线、辅助线和绘图窗口的其他物体。

（3）材质。执行该命令可以打开"材质"编辑器，用于为面和组件添加材质。

（4）移动。执行该命令可以移动、拉伸和复制几何体，也可以用来选择组件。

（5）旋转。执行该命令可以在一个旋转面旋转物体。

（6）缩放。执行该命令可以选中物体并缩放。

（7）推/拉。SketchUp主要的建模方式之一，执行该命令可以对封闭的图形面进行推拉，使之成为三维物体。

（8）路径跟随。SketchUp主要的建模方式之一，执行该命令可以使封闭的图形面沿着某一连线的边线路径拉伸，在绘制曲面物体时非常方便。

（9）偏移。执行该命令可以偏移和复制共面的线或面，可以在原始面的内部或外部偏移边线，偏移一个面会创造一个新面。

（10）实体外壳。执行该命令可以将 2 个组件合并成一个物体，并组成群组。

（11）实体工具。该命令包含五种布尔运算建模功能，包括相交、并集、去除、修建和分割的操作。

（12）卷尺。执行该命令用于绘制辅助线，使精确建模更简便。

（13）量角器。执行该命令用于绘制一定角度的辅助线。

（14）坐标轴。执行该命令用于设置坐标轴，也可以进行修改，对绘制斜面物体非常有帮助。

（15）尺寸。执行该命令用于在模型中标注尺寸。

（16）文字标注。执行该命令用于在模型中输入文字。

（17）三维文字。执行该命令用于在模型中放置三维文字，可以设置文字大小和厚度。

（18）剖切面。执行该命令可以在模型中显示物体剖切面。

（19）高级相机工具。该命令包含 8 个子命令。

（20）互动。通过设置组件属性，给组件添加多个属性，如多种材质或颜色等。运行动态组件时会根据不同属性进行动态变化显示。

（21）沙盒。该命令包含 5 个子命令。

7. 认识窗口菜单

"窗口"菜单中的命令代表着不同的编辑器和管理器。除模型信息中的单位和系统设置需要调整更改以外，其余可以保持默认。

（1）单位。可以修改长度和角度的单位。一般长度单位都设置为毫米。

（2）系统设置。选择该选项将弹出"系统设置"窗口，如图 1-8 所示。可以通过设置应用参数来为整个程序编写不同功能。

① OpenGL。在作图过程中，如果电脑不支持 OpenGL，可能会出现电脑持续卡顿的状况，使用过程中不勾选"使用硬件加速"。

②常规。可以对其"自动保存"的时间进行设置，提升作图效率，不勾选"问题修复"，以免引起作图中的死机或者卡顿。

任务小结

通过该任务的讲解和训练，对于 SketchUp 绘图命令的操作有了一定的认识，在今后的绘图过程中能够较为熟练地使用相关命令，完成模型制作。

课外技能拓展训练

运用所学知识和给定素材，完成窗户模型制作。

 检查评价

SketchUp 界面的认知和使用任务学习评分表如表 1-1 所示。

表 1-1　SketchUp 界面的认知和使用任务学习评分表

考查内容	考核要点	配分	评分标准	得分
草图大师软件安装	掌握软件安装方法（本部分内容为自学）	10 分	软件能够正常使用，10 分	
熟悉菜单栏的内容和作用	掌握草图大师的绘图空间的设置	30 分	模型信息，5 分 系统设置，5 分 工具使用，20 分	
掌握绘图工具栏的使用和技巧	绘图工具 标注工具 书柜模型完成效果	45 分	绘图工具，15 分 标注工具，5 分 书柜模型完成效果，25 分	
出图格式	保存格式和出图设置，保存位置	15 分	保存格式，5 分 出图设置，10 分	

任务 1-2　SketchUp 绘画工具的使用方法和技巧

 情境导入

通过课程回顾，讲述草图大师的应用场景，以"红色读书角"书柜的制作为引导，让同学对于 SketchUp 操作命令的便捷性产生兴趣，通过简单的"红色读书角"书柜单体效果图小型动画的演示，讲述了操作命令的使用技巧，并开始本节课程的教学。

 任务目标

知识目标：

1. 了解 SketchUp 软件的工具栏布置。

2. 熟悉 SketchUp 软件绘图工具的图标以及作用。

3. 掌握 SketchUp 软件绘图工具的运用技巧。

技能目标：

1. 提升学生软件操作技能。

2. 提高学生自主学习的能力。

3. 深化学生家具单体的表达能力。

素质目标：

培养学生独立思考以及解决问题的能力。

思政目标：

1. 引导学生了解运用 SketchUp 软件来展现党建文化。

2. 树立学生精益求精的工匠精神。

在 SketchUp 中，所有模型的建立都是先用绘图工具绘制平面二维图形，然后使用编辑工具将二维图形推拉或放样成三维模型的。因此，在建模之初就要掌握不同的绘图工具的使用方法和技巧，为后续的模型制作做好准备。绘图工具界面在 SketchUp 界面的左边，如图 1-15 所示，如果遇到未显示的情况，可以执行"视图"—"工具栏"—勾选"大工具集"显示绘图工具栏。

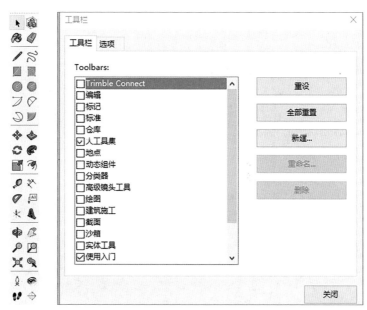

图　1-15

步骤 1：利用直线工具绘制书柜背板。

在 SketchUp 中，线是最小的建模单位，线工具可以完成任意长度直线、指定长度直线和指定端点直线的绘制，还可以绘制成面、分割面和修复面。

（1）绘制固定长度和固定防线直线。单击"直线"命令，在绘图界面上单击，本次操作以绘图原点作为起点，光标沿着蓝色坐标轴方向，向上移动任意距离，在右下角对话框中输入长度"2100"毫米，按回车键确认，效果如图 1-16 所示。

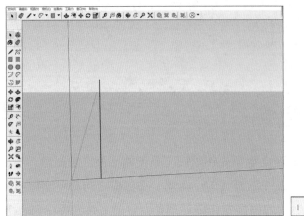

图　1-16

（2）绘制成面。闭合的直线图形能够形成一个平面，以上一次直线的端点为起点，依次绘制长度为 1 200 毫米、2 100 毫米、1 200 毫米的三段直线，绘制效果如图 1-17 所示。

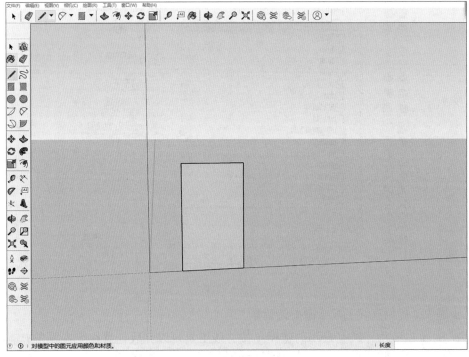

图　1-17

（3）绘制任意直线。在 SketchUp 中，绘制任意长度或任意防线直线的方法是，在绘图界面，选择"直线"工具，在绘图空间，任意单击一点，再在任意位置单击下一点，即可完成任意直线图形绘制。

小技巧：在绘图过程中可以对直线进行拆分和延长，选择直线，右击，在弹出的菜单上选择拆分，右下角对话框中输入拆分数量，按回车键确认。

步骤 2：绘制书柜背板厚度。

单击"推拉"按钮，在需要拉伸的面上单击向上或者向下拖曳，在数值控制区输入数值，按回车键，如图 1–18 所示。

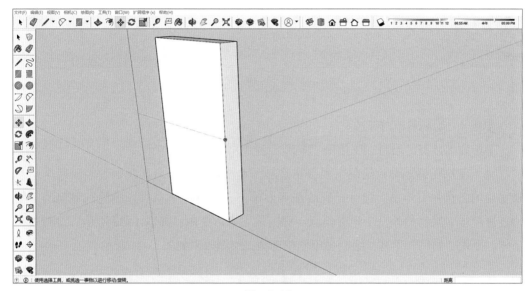

图　1–18

草图大师中的推拉工具主要有以下两个方面的特点。

（1）扩大原物体体积。利用推拉工具可以改变原有物体的长度或厚度。

（2）推拉复制被选择物体。在建模阶段，为了提升物体编辑的多样性，可用简单的多个推拉来复制物体，具体操作如下：执行"推拉"命令，按住 Ctrl 键，向上或者向下拖曳。并在数值对话框输入数值，按回车键，完成推拉复制。

步骤 3：绘制书柜分割。

"卷尺"工具的主要作用是辅助用户进行精确建模的操作。在书柜分割上，需要依靠卷尺工具绘制辅助线，完成书柜主体的分割。单击"卷尺"工具，图标放在绘制出的柜体的边缘线上，光标向物体表面中心移动，可以看到画面中出现一条由虚线构成的辅助线，在右下角输入 200 毫米，按回车键，就完成了第一条辅助线的绘制，依次类推，就可以完成 4 条辅助线的绘制，完成效果如图 1–19 所示。

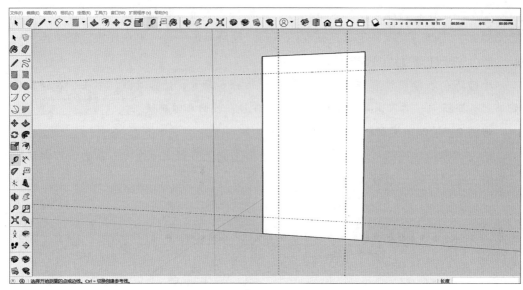

图　1-19

步骤 4: 绘制书柜内部造型。

书柜内部造型的绘制主要使用"矩形"命令和"偏移"命令。

（1）使用任意矩形，绘制书柜分格造型。绘制任意矩形主要是通过控制两个角点来实现的，选择"矩形"命令，在绘图界面单击，绘制一个角点，在绘图界面的其他位置再单击，绘制另外一个矩形角点，就完成了矩形绘制，如图 1-20 所示，绘制书柜主体。使用"卷尺"工具，绘制书柜分格造型，绘制效果如图 1-21 所示。

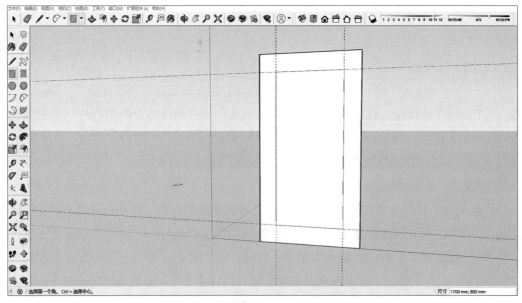

图　1-20

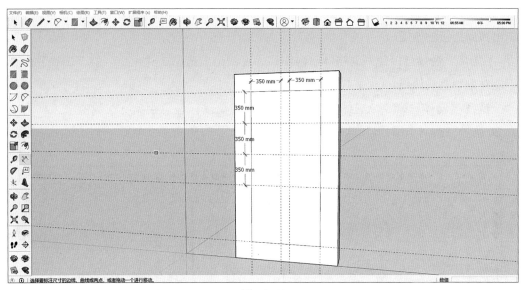

图　1–21

（2）绘制固定尺寸矩形。选择"矩形"命令，在绘图界面中单击任意一点，作为矩形的一个角点，松开左键，在右下角对话框中输入 1 700 毫米 × 800 毫米，按回车键确认，就可以绘制出长为 1 700 毫米、宽为 800 毫米的固定尺寸矩形，如图 1–22 所示。

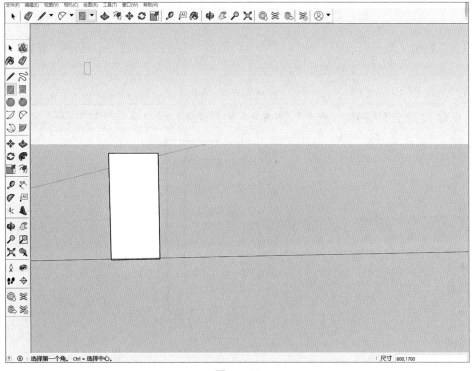

图　1–22

（3）绘制分格造型厚度。在书柜内部空间的分割上，可以使用"偏移"命令，绘制出四周挡板的厚度。

"偏移"命令可以使平面物体向内偏移并复制出该造型。SketchUp 的"偏移"命令不能对单独直线使用。

选择"偏移"命令，选择内部矩形，向内移动鼠标任意距离，在数值输入框内输入 20 毫米，按回车键，绘制效果如图 1-23 所示。

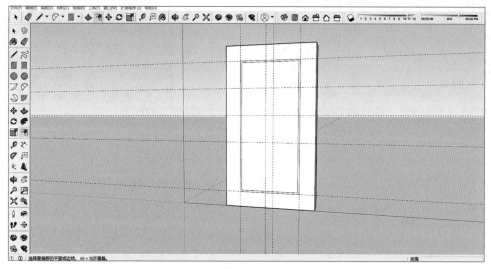

图　1-23

（4）使用"直线"工具，依次绘制内部造型分割。然后使用"选择"工具，选择并删除辅助线，绘制效果如图 1-24 所示。

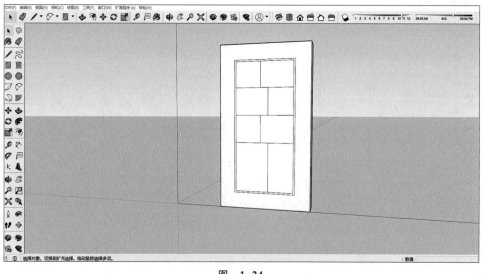

图　1-24

步骤 5：绘制书柜内部隔板造型。

在上一步骤的基础上，使用"移动"命令复制出隔板厚度。在草图大师软件中，移动命令可以分解为任意移动和定距移动。

（1）任意移动。使用"选择"工具，选择将被移动的物体，单击"移动"命令，单击物体，松开左键拖曳任意位置，再次单击即可完成该物体复制。

（2）定距移动。在执行"移动"命令时，确认物体上的第一个参照点后，在保持绘图坐标不变的前提下，将光标移动至需要的位置，直接在数值控制区中输入移动值即可。

由于草图大师软件中没有单独的复制命令，复制主要依托"移动"命令实现，具体操作步骤如下：使用"选择"命令，选中物体，单击执行"移动"命令，同时按 Ctrl 键，此时光标旁多了一个"+"号。在被复制的物体上单击（一般为物体的角点或边缘），确定参照第一点，再按需要复制物体的方向移动鼠标，也可在数值控制区直接输入距离并按回车键，实现物体的复制。

根据以上讲解，可以完成书柜内部造型绘制，并使用"橡皮擦"工具，擦除多余线段，效果如图 1-25 所示，造型尺寸如图 1-26 所示，使用"选择"工具，选择藏书隔板空间，使用"推拉"工具，向内推拉 230 毫米，即可完成书柜隔板造型制作，完成效果如图 1-27 所示。

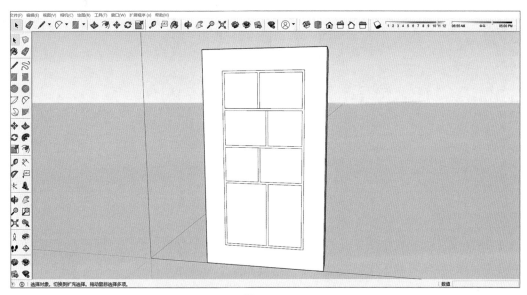

图 1-25

步骤 6：填充书柜材质。

SketchUp 的材质与贴图，在系统内部带有各种样式，在对其赋予模型后可以利用编辑工具对材质的比例做进一步的修改，操作方便、快捷。SketchUp 的材质面板如

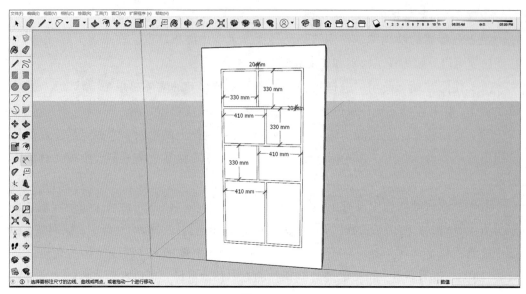

图　1-26

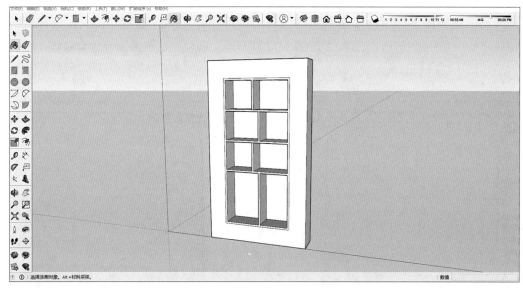

图　1-27

图 1-28 所示（如果在绘图界面不显示材质菜单，单击"材质"命令，即可在绘图界面右边显示）。在学习和工作中，对于常用的材质贴图需要经常积累，可以采用网络下载和自行拍摄的形式。

　　在 SketchUp 软件中，材质贴图的使用有使用系统贴图和使用外部材质贴图两种形式。

　　（1）使用系统贴图。单击"材质"菜单中的"选择"按钮，在其子菜单中选择不同贴图样式，如图 1-29 所示。双击，打开贴图文件夹，单击需要的贴图，当光标变为

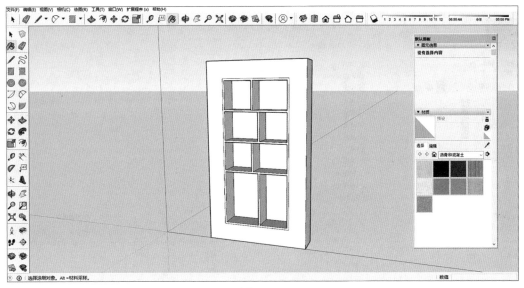

图 1-28

""时，在需要贴图的物体上单击即可完成材质贴图。使用此方法，选择"颜色"贴图样式，完成书柜材质贴图，效果如图 1-30 所示。

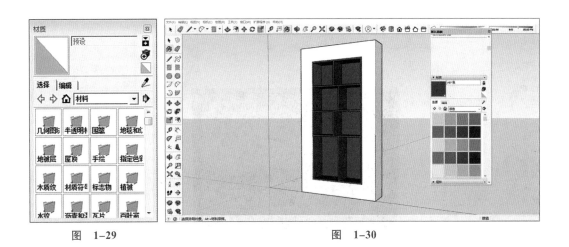

图 1-29   图 1-30

（2）使用外部材质贴图。单击材质单中的"编辑"按钮，勾选"使用纹理图像"，单击右侧"浏览图像材质文件"，如图 1-31 所示。在弹出的对话框中选择对应贴图文件，并单击"打开"。这样就选择了外部贴图文件，然后将相关材质赋予模型，如图 1-32 所示，可以通过对话框中的尺寸、"透明度"以及"着色"命令对贴图的大小、透明度以及色彩关系进行调整。

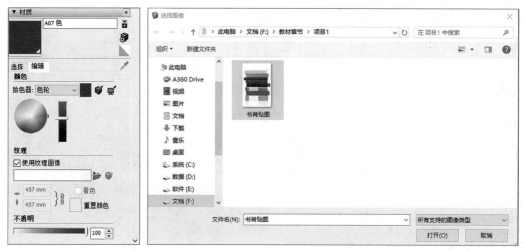

图 1-31   图 1-32

步骤 7： 绘制书柜细部造型。

使用"卷尺"和"直线"命令，绘制细部造型，如图 1-33 所示。使用"推拉"工具向后推拉，推拉距离为 250 毫米，完成效果如图 1-34 所示。

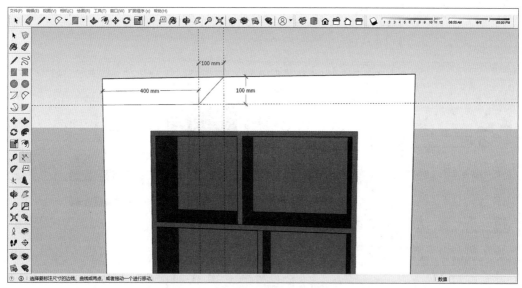

图 1-33

步骤 8： 绘制书柜圆角造型。

在书柜四周圆角的绘制中，主要使用 SketchUp 软件中的"弧线"命令。

在"弧线"命令中，主要涉及两方面内容。

（1）弧线的绘制。单击"弧线"命令，在绘图界面中单击起点和端点或者单击圆心、起点和端点，即可绘制弧线，也可以通过在数值对话框中输入尺寸，完成弧线的绘制。

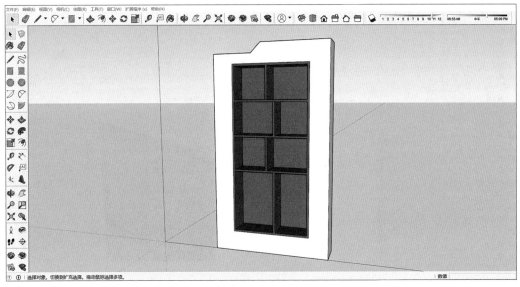

图 1-34

（2）弧线的分段。在 SketchUp 软件中，由于弧形由多条直线构成，因此，分段数越多，弧线越平滑，弧形分段数调整操作如下：单击"弧线"命令，在右下角数值对话框中输入数量，按回车键，即可绘制出需要的弧线。

在书柜圆角弧形绘制中，主要使用"卷尺"工具绘制参考辅助线，使用"圆弧"（根据起点、终点和凸起部分绘制圆弧）命令，绘制圆角，效果如图 1-35 所示，使用"推拉"命令，推出多余样式。完成效果如图 1-36 所示。以此类推，完成书柜 4 个圆角模型的绘制，完成效果如图 1-37 所示。

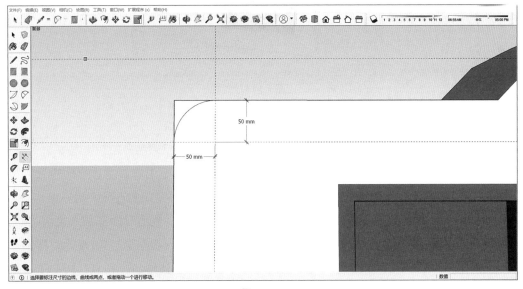

图 1-35

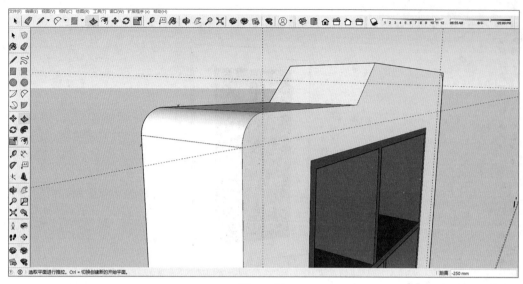

图 1–36

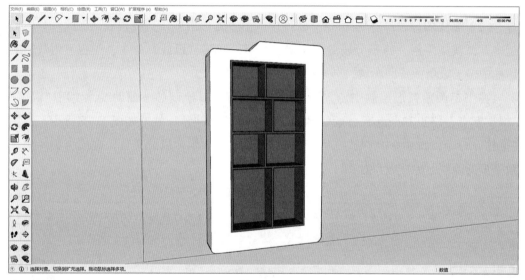

图 1–37

步骤 9：绘制装饰造型。

书柜的装饰造型绘制主要用到的是"多边形"命令。

（1）绘制多边形。单击"多边形"命令，在数值输入框中输入多边形的边数，按回车键，在绘图界面中单击拖曳出一定距离，再次单击即可完成多边形绘制。

（2）绘制"五角星"装饰造型。单击"多边形"命令，数值对话框输入边数"5"，在绘图界面单击拖曳出任意距离，在数值控制对话框输入内切圆半径 40 毫米，按回车键。绘图效果如图 1–38 所示。使用"直线"命令连接正五边形各个顶点，按 Delete 键删除多余线点，使用"推拉"命令，推出五角星厚度为 20 毫米。全选立体五角星图形，在图形上右击，在弹出的对话框上，选择群组，对立体五角星图形进行群组。绘图效果如图 1–39 所示。

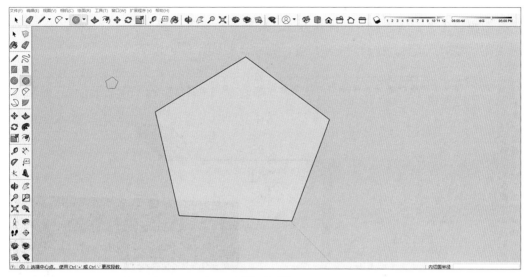

图　1–38

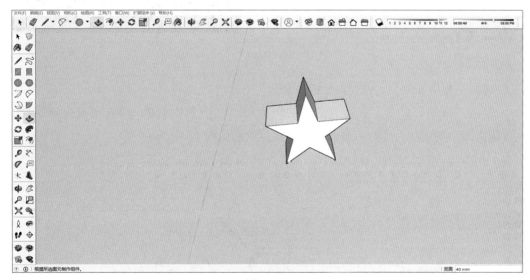

图　1–39

（3）调整"五角星"造型位置。在调整过程中主要运用"旋转"命令、"移动"命令。"旋转"命令的使用方法如下。

单击"旋转"工具，光标会变成一个圆形量角器状，量角器呈现与坐标轴相同的颜色时，既为旋转的方向。单击被旋转物体上的某一基点，该基点即为旋转的中心，移动鼠标，量角器中心会拉出一条虚线，该虚线即为旋转的轴。旋转到合适的角度后，单击，完成物体旋转。在移动鼠标的过程中，可以看到在右下角数值输入框有角度的变化显示，此时松开鼠标，可以直接在数值控制区输入对应角度，按回车键，即可完成按照规定角度旋转。

在旋转过程中，按住 Ctrl 键不松，即可完成旋转复制。

根据以上"旋转"命令的操作方法，旋转五角星的位置，使其与书柜表面平行，并使用"移动"工具，移动到图示位置，完成效果如图 1-40 所示。

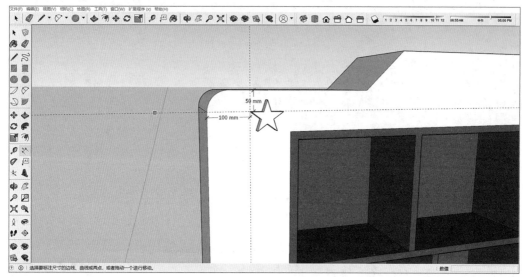

图　1-40

使用"移动"命令，对五角星进行复制。

单击"移动"命令，选择五角星的角为基点，按下 Ctrl 键，向右拖曳一定距离，在数值对话框中输入"5X"，按回车键确认，效果如图 1-41 所示。

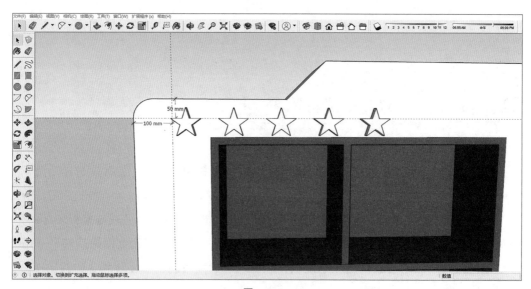

图　1-41

步骤 10：调整立体五角星大小。

在草图大师软件中，调整模型大小一般用到的是"缩放"命令。

"缩放"命令的操作步骤如下：选中要缩放的模型，单击"缩放"命令，可以看到物体被多个控制点控制，调整控制点的位置，对物体进行等比例或者不等比例缩放。

书柜五角星造型调整效果如图 1-42 所示，使用材质工具对五角星造型进行材质填充，完成效果如图 1-43 所示。

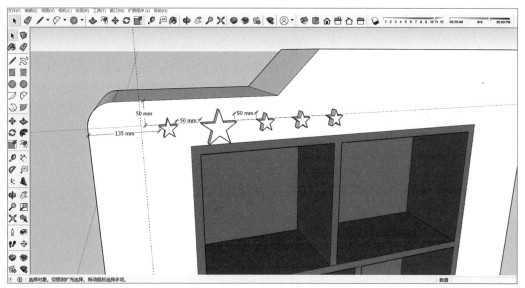

图　1-42

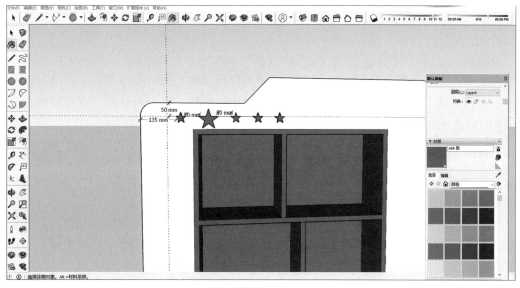

图　1-43

步骤 11：制作书柜基座。

书柜基座制作可以使用"路径跟随"命令来实现。

"路径跟随"命令是 SketchUp 中从二维图形向三维建模转化的主要工具，其操作步骤为：绘制好界面图形以及路径，使用"选择"工具选择截面或路径图形，单击"路径跟随"命令，单击路径或截面图形，即可进行模型绘制，如果遇到路径为闭合图形，光标需要在路径上移动一圈，方可完成。

在绘图界面中绘制书柜底座矩形，尺寸为 1 800 毫米 × 280 毫米，使用"推拉"工具向上推拉 200 毫米，使用"卷尺"命令绘制参考线，使用"直线"命令绘制直线，完成效果如图 1-44 所示。

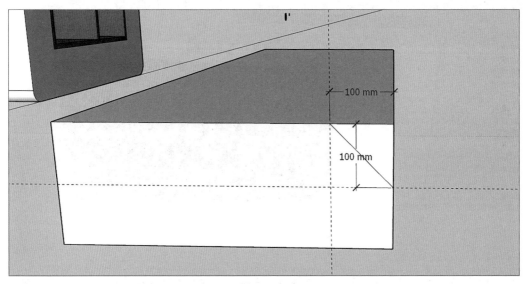

图 1-44

使用"路径跟随"命令，单击界面图形，松开鼠标，在长方体上面 4 条边缘线上一次移动一圈，可完成底座造型，移动的过程中，路径会显示出红色，完成后对该物体进行群组。完成效果如图 1-45 所示。

步骤 12 组合书柜。

使用"移动"命令，把书柜主体与底座对齐，移动效果如图 1-46 所示。

步骤 13 添加三维文字内容。

单击工具栏中"三维文字"命令，此时光标会变成一个四向光标，并弹出"放置 3D 文字"对话框，依次输入文字内容、文字样式、文字高度等，如图 1-47 所示，并将其放置在场景中相应的位置，书柜文字制作效果如图 1-48 所示。

步骤 14 添加书柜文字和尺寸标注。

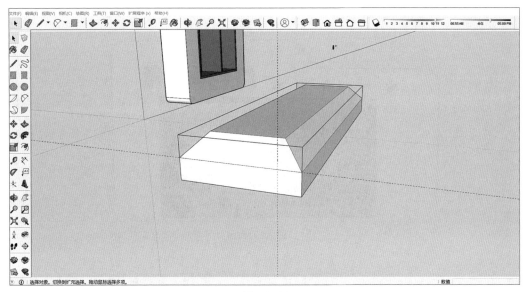

图　1-45

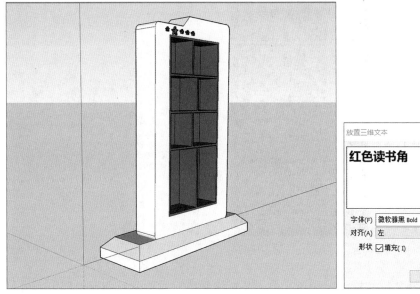

图　1-46

图　1-47

　　SketchUp 的标注可在二维图纸和三维图纸中进行。可直接在场景中单击标注的内容完成修改。这是草图大师较为特色的功能。

　　（1）文字标注。单击工具栏中的"文字"命令，绘图界面中会出现文字工具图标，单击所要标注的对象即可进行文字标注，如图 1-49 所示。

　　（2）尺寸标注。SketchUp 软件中的尺寸标注可以进行直线、半径以及直径的标注。

图 1-48

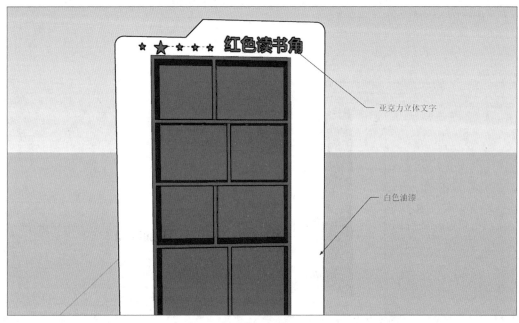

亚克力立体文字

白色油漆

图 1-49

标注方法为：选择"尺寸标注"命令，单击要标注物体尺寸的起点和端点即可完成尺寸标注，完成效果图 1-50 所示。

步骤 15 绘制书柜背板装饰造型。

书柜背景板装饰造型的绘制，主要采用"矩形"命令、"圆弧"命令、"卷尺"命令，并结合"移动"命令完成。

（1）绘制矩形，并标注辅助线，绘制红旗形状。选择"矩形"工具，绘制 1 600 毫米 ×2 500 毫米矩形，使用"卷尺"工具绘制辅助线，对矩形进行分割，使用"圆弧"工具，绘制红旗轮廓造型，完成效果如图 1-51 所示。

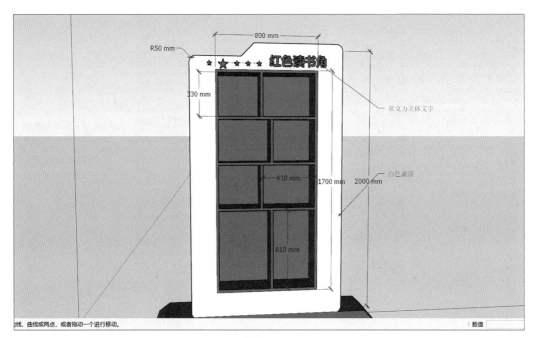

图 1-50

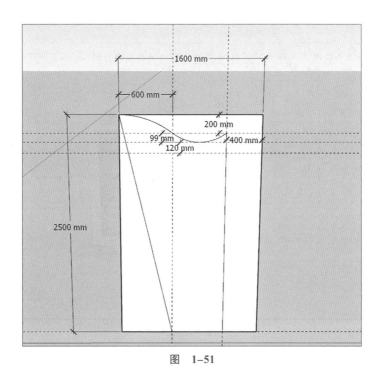

图 1-51

（2）优化红旗细节。使用"橡皮擦"工具，删除不必要的线条，使用"推拉"命令，推出红旗造型厚度为 100 毫米。使用多边形工具，制作旗杆顶部造型，完成效果如图 1-52 所示。

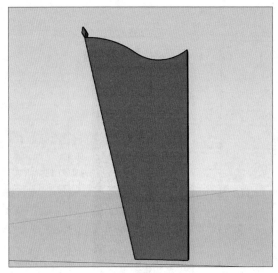

图 1-52

（3）完成红色读书角书柜模型制作。对红旗造型进行群组，移动到底座合适位置，完成红色读书角书柜模型制作，效果如图 1-53 所示。

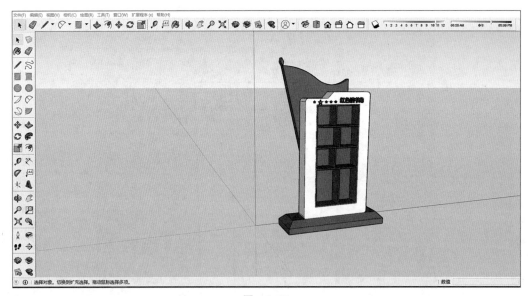

图 1-53

 任务小结

本任务较为详细地介绍了菜单栏的功能和作用，结合红色读书角书柜模型制作的项目任务，讲解了草图大师里常用的绘图命令的使用方法和技巧，把绘图命令操作教学融入项目案例之中，能够较好地引起师生互动以及激发学生学习的积极性和主动性，为后续单体模型的制作打下基础。

 课外技能拓展训练

根据素材，完成书柜模型制作。

 检查评价

SketchUp 绘画工具的使用方法和技巧任务学习评份表如表 1-2 所示。

表 1-2　SketchUp 绘画工具的使用方法和技巧任务学习评分表

考查内容	考核要点	配分	评分标准	得分
新中式客厅建模细节	尺度符合要求，比例合理，材质使用得当	80	尺寸符合要求，30 分 比例合理，30 分 材质使用恰当，20 分	
出图格式	导出 JPG 合适，分辨率 1 000 × 2 000	20	格式正确，10 分 分辨率正确，10 分	

项目 2
制作室内外单体模型

绘制室内外单体模型是室内外效果图绘制的重要组成部分，单体模型的绘制既能够训练学生对于软件各种绘图命令的掌握技巧，也能够使学生掌握单体模型的绘图技巧，同时，还能够较好地培养学生的创造能力和审美能力。在该项目的训练过程中，教师需要注重学生创造能力的培养和训练，为后续室内外空间效果图的绘制打下一定的基础。

 项目提要

本项目需要读者在掌握 SketchUp 基础命令的基础之上，完成常用室内外家具单体模型的制作，再通过单体模型的制作，进一步巩固基础命令，为后续场景建模打下基础。

 建议学时

8 学时

任务 2-1 制作室内家具单体模型

 情境导入

教师播放室内设计视频，重点强调室内设计中家具设计的重要性和意义，讲述室内设计中家具模型设计和制作的方法与步骤，并讲授设计的技巧和方法。

任务目标

知识目标：

1. 掌握室内家具建模的流程方法。

2. 掌握室内家具模型绘制和材质使用的方法。

3. 掌握室内家具模型出图方法。

技能目标：

1. 运用绘图工具绘制室内家具模型。

2. 熟练掌握家具模型绘制的流程与方法。

素质目标：

1. 培养学生独立思考和解决问题的能力。

2. 培养学生举一反三的学习能力。

思政目标：

1. 培养学生对传统文化认知的意识。

2. 培养学生的工匠精神。

3. 培养学生认真、严谨的职业精神。

一、绘制电视柜模型

启动 SketchUp 软件，打开本项目素材库中的电视柜模型效果图。

步骤 1：执行"矩形"命令，由原点绘制 300 毫米 ×1 400 毫米的长方形，在界面对话框中输入尺寸"300，1400"，如图 2-1 所示。

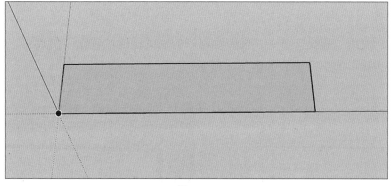

图　2-1

步骤 2：执行"推拉"命令，将其向上推拉出 420 毫米的高度，完成长方体的制作，如图 2-2 所示。

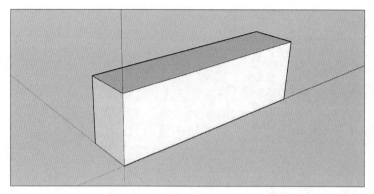

图 2-2

步骤 3：使用"卷尺工具"命令，在长方体上绘制电视柜隔板分割辅助线，在长方体上边以及左右两边分别绘制距离长方体边缘为 20 毫米、140 毫米、160 毫米的辅助线，将上边的辅助线向下测量 140 毫米，绘制出电视柜第一层隔板的位置；继续向下测量 20 毫米、130 毫米、20 毫米、50 毫米，绘制出电视柜的抽屉位置；左右两边分别向中间测量 310 毫米、20 毫米、340 毫米，绘制出电视柜的柜子以及抽屉位置，如图 2-3所示。

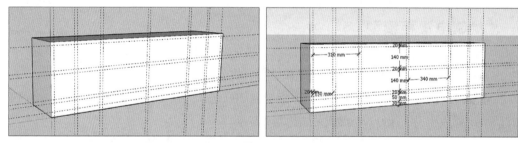

图 2-3

步骤 4：使用"直线"命令，按照绘制好的辅助线的位置绘制出直线，并参照效果图，完成长方体的表面分割，如图 2-4 所示。

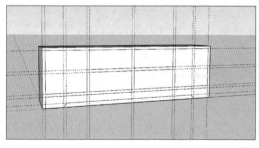
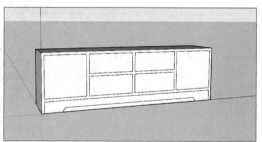

图 2-4

步骤 5：使用"推拉"命令，将分割好的柜子和抽屉向内推拉 280 毫米，柜子上方两个矩形以及最下层图形向内推拉 300 毫米，完成效果如图 2-5 所示。

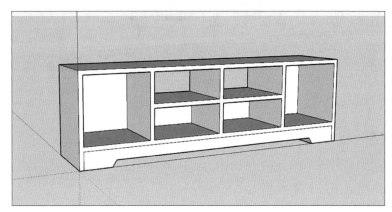

图　2-5

步骤 6：对柜门以及抽屉进行制作。执行"矩形"命令，在柜门以及抽屉的位置画上对应的矩形。在画好的矩形上使用"卷尺工具"命令确定各个把手的位置。确定好位置后，使用"直线"命令，根据效果图对把手进行描绘。最后使用"推拉"命令，将把手位置向内推拉 20 毫米，并删除向内推的面，完成效果如图 2-6 所示。

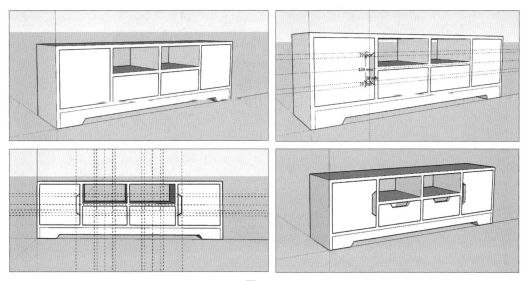

图　2-6

步骤 7：材质填充。在绘图空间右边默认面板材料中单击🖌，在弹出窗口中单击🖌，选择相应的材质贴图，单击确认。执行"填充"命令，对电视柜进行材质填充，完成效果如图 2-7 所示。

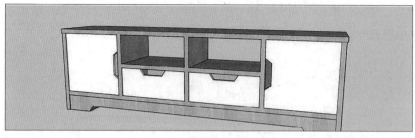

图 2-7

二、茶几模型绘制

打开 SketchUp 软件，检查相关参数设置。

步骤 1：使用"矩形"命令，由原点绘制 600 毫米 ×1 200 毫米的长方形，在界面对话框中输入尺寸"600，1200"，如图 2-8 所示。

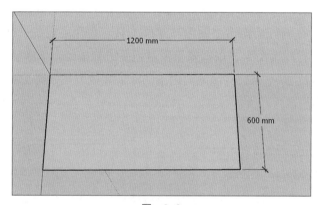

图 2-8

步骤 2：使用"推拉"命令，将其向上推拉出 390 毫米的高度，完成长方体制作，如图 2-9 所示。

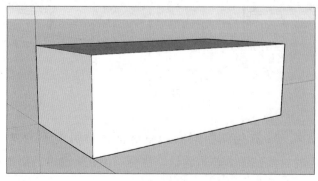

图 2-9

步骤 3：使用"卷尺工具"命令，在长方体上绘制桌腿分割辅助线，在长方体前后两面的上边以及左右两边分别绘制距离长方体边缘为 100 毫米的辅助线，在长方体的左右两面分别绘制距离长方体边缘为 20 毫米、上边为 100 毫米的辅助线，如图 2-10 所示。

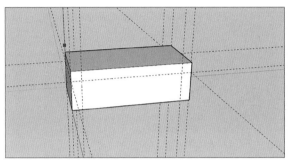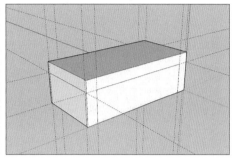

图　2-10

步骤 4：使用"直线"命令，按照绘制好的辅助线的位置绘制出直线，完成长方体各个表面的分割，如图 2-11 所示。

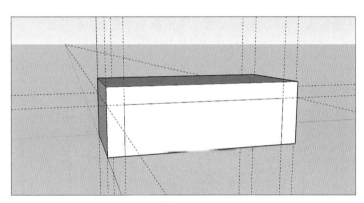

图　2-11

步骤 5：使用"推拉"命令，对分割好的矩形进行推拉，完成效果如图 2-12 所示。

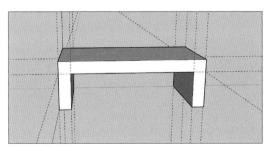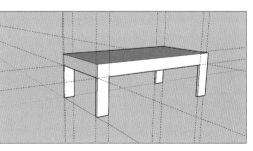

图　2-12

步骤 6：使用"矩形"命令，绘制 600 毫米 ×1 200 毫米，560 毫米 ×1 200 毫米的两个长方形，分别作为茶几的底板与桌面上的玻璃，再使用"推拉"命令，对两个长方形分别推拉 20 毫米和 10 毫米，并分别选中，右击，对其进行群组，效果如图 2-13 所示。

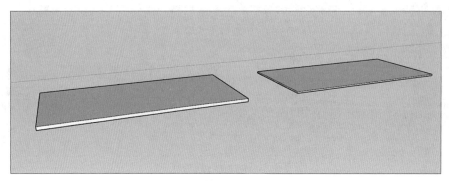

图　2-13

步骤 7：分别单独选中底板与玻璃，使用"移动"命令，对选中物体进行移动，选择桌面的端点与已画好的桌子的端点对齐；选择茶几底板对齐桌脚，使用"移动"命令的同时在右下角输入"50"，按回车键。完成效果如图 2-14 所示。

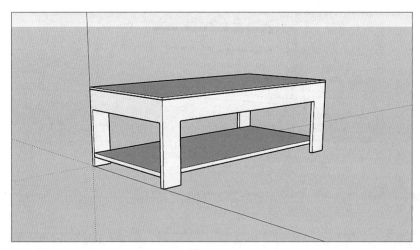

图　2-14

 任务小结

通过室内家具单体模型的制作，进一步强化了软件操作训练，并通过讲解，对室内设计的知识点也有了一定认知，为后面室内效果图绘制奠定了一定的基础。

课外技能拓展训练

运用所学知识以及给定素材，完成家用电器洗衣机模型制作。

检查评价

制作室内家具单体模型任务学习评分表如表 2-1 所示。

表 2-1　制作室内家具单体模型任务学习评分表

考查内容	考核要点	配分	评分标准	得分
制作室内家具单体模型	完成室内家具单体模型的制作	50 分	能够完成模型制作，细节完整，50 分	
尺寸标注	使用标注工具对物体进行尺寸标注	20 分	能够准确地完成物体尺寸标注，20 分	
材质使用	对物体进行合理的材质填充	30 分	材质的比例合理，材质选择正确，30 分	

任务 2-2　制作室外景观小品单体模型

情境导入

教师播放园林景观设计漫游视频，重点强调园林景观设计中单体模型的重要性和意义，讲述园林景观设计中景观小品单体模型设计与制作的方法和步骤，并讲授设计的技巧和方法。

任务目标

知识目标：

1.掌握建立园林景观单体模型的流程方法。

2.掌握园林景观单体模型制作和材质使用的方法。

3.掌握园林景观单体模型出图方法。

技能目标：

1.运用绘图工具制作园林景观单体模型。

2.熟练掌握园林景观单体模型制作的流程与方法。

素质目标：

1. 培养学生独立思考和解决问题的能力。

2. 培养学生举一反三的学习能力。

思政目标：

1. 培养学生对传统园林的认知意识。

2. 培养学生的工匠精神。

3. 培养学生认真、严谨的职业精神。

景观亭模型制作

步骤 1：打开 SketchUp 检查相关参数设置。执行"矩形"命令，由原点绘制 4 500 毫米 ×
4 500 毫米的长方形，在界面对话框中输入尺寸"4500，4500"，如图 2-15 所示，在英
文输入法下输入尺寸。

步骤 2：执行"偏移"命令，用"推拉"工具向上推拉 200 毫米，将矩形先向内偏移
200 毫米，再向内偏移 850 毫米，最后向内偏移 200 毫米，如图 2-16 所示，并创建群组。

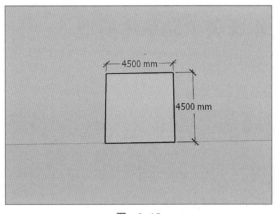
图 2-15

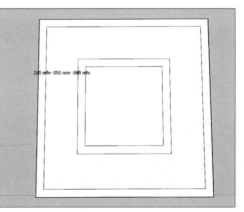
图 2-16

步骤 3：执行"卷尺工具"命令，在矩形上绘制辅助线，如图 2-17 所示，执行
"矩形"命令，绘制辅助线交叉形成的矩形，如图 2-18 所示。

步骤 4：执行"推拉"命令，先对一个矩形向上推拉 300 毫米的高度，再用"偏
移"工具将推移后的顶部向外偏移 50 毫米，如图 2-19 所示。

步骤 5：执行"推拉"命令，将平面向上推移 100 毫米，如图 2-20 所示。

步骤 6：执行"推拉"命令（P），将内部矩形向上推拉 1 540 毫米，再选中推拉之
后矩形顶部的四条边，用"缩放"工具按住 Ctrl 键进行缩放，向内缩放倍数到 0.5，如
图 2-21 所示。

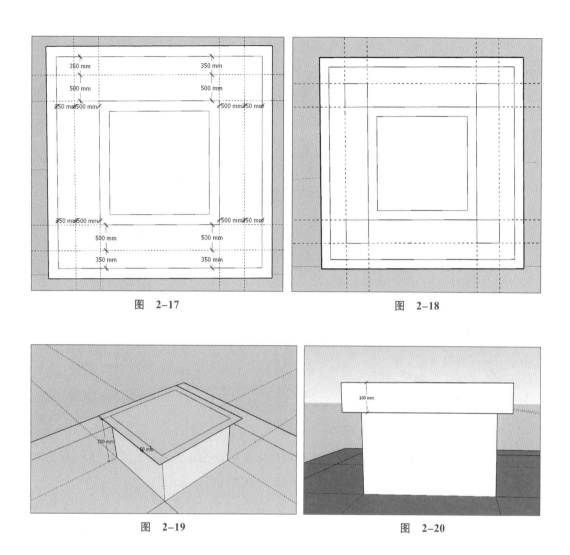

图 2-17

图 2-18

图 2-19

图 2-20

步骤 7：执行"偏移"命令（O），将顶部向外偏移 50 毫米，如图 2-22 所示。

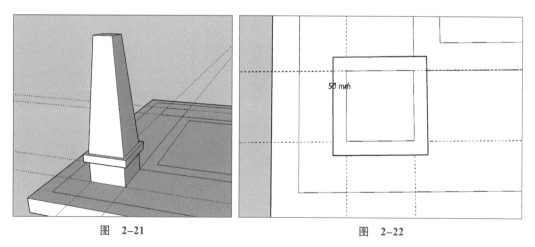

图 2-21

图 2-22

步骤 8：执行"推拉"命令，将其向上推拉 60 毫米，使用"橡皮擦"工具，擦去内部线条，如图 2-23 所示。

步骤 9：执行"偏移"命令，将顶部向外偏移 50 毫米，用"推拉"工具，向上推拉 100 毫米，如图 2-24 所示。

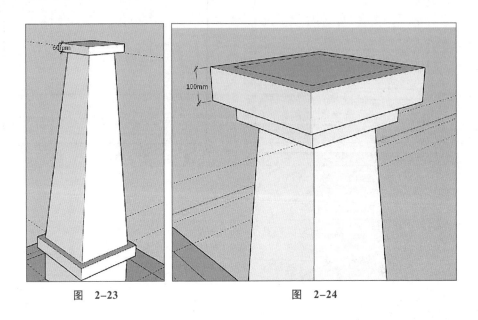

图 2-23   图 2-24

步骤 10：执行"推拉"命令，将内部矩形向上推拉 220 毫米，如图 2-25 所示，用"偏移"工具，将顶部向外偏移 25 毫米，如图 2-26 所示。

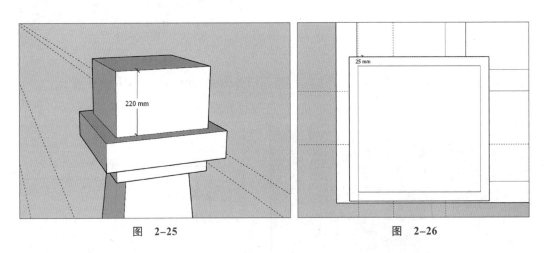

图 2-25   图 2-26

步骤 11：执行"推拉"命令，将顶部向上推拉 30 毫米，如图 2-27 所示，用"橡皮擦"工具，擦去内部线条，创建群组。

步骤 12：执行"矩形"命令，在顶部画与顶部一样的矩形，用"推拉"工具向上推拉 70 毫米，用"缩放"工具，选中顶部的四条边按住 Ctrl 键向外缩放 1.2 倍，如图 2-28 所示。

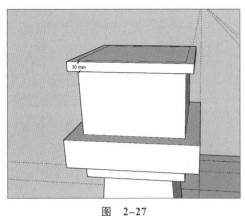

图 2-27

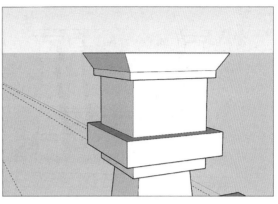

图 2-28

步骤 13：执行"推拉"命令，将顶部向上推拉 20 毫米，再用"偏移"工具，向外偏移 20 毫米，如图 2-29 所示。

步骤 14：执行"推拉"命令（P），将顶部向上推拉 100 毫米，完成后整体组建群组，选中群组，按住 Ctrl 键，用"移动"工具（M），将其分别复制到底面的三个矩形上，如图 2-30 所示。

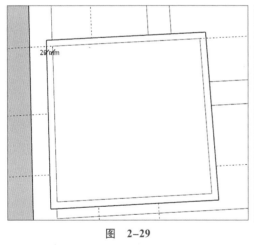

图 2-29

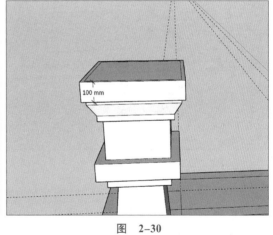

图 2-30

步骤 15：执行"矩形"命令（R），由原点绘制 4 490 毫米 × 4 490 毫米的长方形，在界面对话框中输入尺寸"4490，4490"，如图 2-31 所示。

步骤 16：执行"偏移"命令，将矩形向内偏移 760 毫米，选中内部矩形，按 Delete 键删除，如图 2-32 所示。

步骤 17：执行"推拉"命令，将平面向上推拉 130 毫米，如图 2-33 所示。

步骤 18：执行"卷尺工具"命令，在柱子顶部作辅助线，用"移动"工具，将群组移动到柱子顶部辅助线相交的地方。

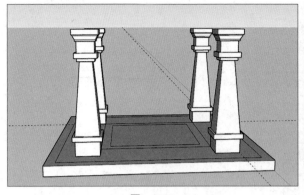

图 2-31

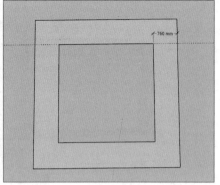

图 2-32

步骤 19： 执行 "矩形" 命令，在顶部画一个与顶部相同大小的矩形，4 490 毫米 ×
4 490 毫米的矩形，全选平面，右击，对模型创建群组，编组完成后，双击进入组内，
绘制屋顶屋脊线条，即可完成尖屋顶的基础模型搭建，如图 2-34 所示。

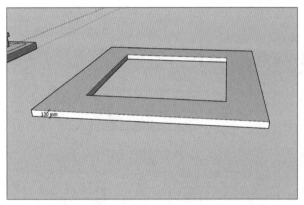

图 2-33

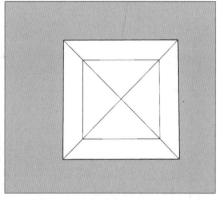

图 2-34

步骤 20： 完成绘制后，中间会出
现一个交点，交点就是尖屋顶的位置，
执行 "移动" 命令（M），选中屋顶的焦
点，然后直接按下键盘的 ↑ 键，即可锁
定蓝色轴线，界面右下角输入 1 000 毫
米，如图 2-35 所示。

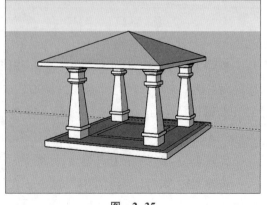

图 2-35

步骤 21：材质填充。在绘图空间右边默认面板材料中单击，在弹出窗口中单击，选择相应的材质贴图，单击确认。执行"填充"命令，对廊亭进行材质填充。完成效果如图 2-36 所示。

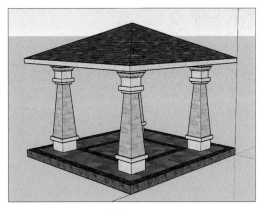

图　2-36

 任务小结

本任务主要讲述了景观单体模型的制作方法和技巧，准确地分析单体模型的结构和特点，正确地把握模型的制作方法和思路，学生灵活掌握方法，实现知识迁移，能独立完成相似造型的建模。

 课外技能拓展训练

运用所学知识以及所给定素材，完成景观廊架模型制作。

 检查评价

制作室外景观小品单体模型任务学习评分表如表 2-2 所示。

表 2-2　制作室外景观小品单体模型任务学习评分表

考查内容	考核要点	配分	评分标准	得分
制作室外景观小品单体模型	完成室外景观小品单体模型的制作	50 分	能够完成模型制作，细节完整，50 分	
尺寸标注	灵活运用推拉、偏移、组件等功能	20 分	能够准确地对物体完成尺寸标注，20 分	
材质使用	对物体进行合理的材质填充	30 分	材质的比例合理，材质选择正确，30 分	

项目 3
客厅效果图项目实践

家装项目在装修市场业务中的数量依然是最大的，所以对应的家装效果图制作是必会技能。家装的风格非常多样，但是其效果图的制作方法基本都大同小异，通过客厅效果图的学习，希望读者能活学活用，满足家装这一类型项目的效果图制作要求，如图 3-1 所示。

图 3-1　客厅效果图

 项目提要

本项目需要读者在掌握 SketchUp 基础命令和了解家装设计基本知识的基础之上，依托客厅设计平面图（AutoCAD 文件），并利用 SketchUp、Enscape 等软件来完成案例。

建议学时

8 学时。

任务 3-1 客厅效果图墙体建模

情境导入

1. 教师精心收集准备家装案例图片，总结家装设计的特点和发展趋势，让学生对家装设计有更深一步的认识，让学生抓住家装效果图表现的重点，激发学生的学习兴趣，并对接下来的课程学习内容进行安排。

2. 教师对该客厅效果图项目的设计风格、场地尺寸、功能设置进行介绍，让学生了解该客厅效果图项目的设计概况，清楚设计师在效果图制作过程中的设计意图。

任务目标

知识目标：

1. 了解客厅效果图墙体建模的基本流程。

2. 熟悉客厅效果图墙体建模的基本内容。

3. 掌握客厅效果图墙体建模的方法。

技能目标：

1. 提升客厅项目墙体快速建模的能力。

2. 提高学生从理论到实践的综合应用能力。

3. 深化学生客厅项目的设计表达能力。

素质目标：

1. 培养学生独立思考和解决问题的能力。

2. 培养学生举一反三的学习能力。

思政目标：

1. 引导学生了解宋韵美学。

2. 培养学生的工匠精神。

3. 培养学生认真、严谨的职业精神。

一、客厅平面图优化整理

在利用平面图建模之前，为了提升作图的效率和速度，必须对原始的平面图进行整理，步骤如下。

步骤 1：打开素材库，打开客厅平面图。

步骤 2：删除平面图中的文字和尺寸标注，家具、门，以及所有的填充图例，仅保留平面造型线条。

步骤 3：连接图中未闭合的线条，修复平面造型，使所有的线条造型均处于闭合状态，图纸整理效果如图 3-2 所示。

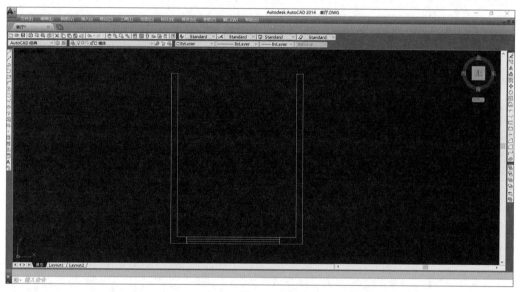

图 3-2

步骤 4：存储调整好的平面图文件，存储格式如图 3-3 所示。

二、客厅效果图墙体建模

将 CAD 图纸文件导入 SketchUp 软件，步骤如下。

步骤 1：启动 SketchUp 软件，单击起始界面左上角的"选择模板"。在"模板"中选择"室内和产品设计—毫米"，如图 3-4 所示。

步骤 2：导入 AutoCAD 文件。打开 SketchUp 软件，使用"文件"—"导入"命令，选择整理好的 AutoCAD 文件，在导入命令面板上单击"选项"命令，调整单位为毫

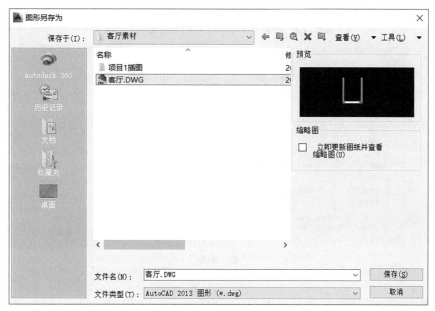

图　3-3

图　3-4

米，并勾选"合并共面平面"和"平面方向一致"。单击"好"，再单击"导入"，调整面板如图 3-5 所示。这样就可以把 AutoCAD 图形比较完整、准确地导入 SketchUp 软件中。

图 3-5

步骤 3：绘制墙体。

（1）在工具栏中调出"图层"命令，"图层"命令显示在软件界面的右下角，如图 3-6 所示。

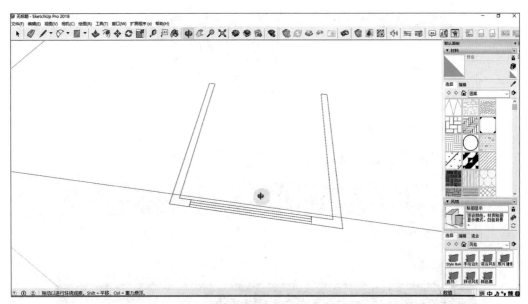

图 3-6

（2）单击图层工具栏中的"添加" ⊕ 命令，添加"图层"，"图层"名称命名为"墙体"，单击"墙体"图层，将"墙体"图层置为当前。

（3）使用工具栏中的"直线" ✐命令，沿着 CAD 墙体勾勒出墙体轮廓，在墙体勾勒过程中以窗为分段，对墙体逐一勾勒，直至所有墙体勾勒完成，如图 3-7 所示。

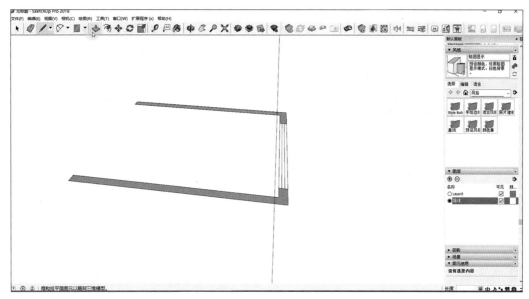

图　3-7

（4）使用"推拉" 命令，选择一段墙体的造型并向上推拉，在主界面右下角对话框中输入推拉高度 2 800 毫米，按回车键，再一次使用"推拉" 命令，选择墙体顶部推拉高度为 2 800 毫米。以此类推，制作其余墙体，完成效果如图 3-8 所示。

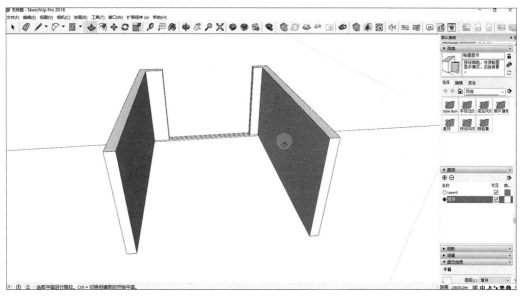

图　3-8

步骤 4：制作门窗洞口。

（1）使用"矩形" ■命令，在窗洞位置下方，以墙体底面为参照绘制矩形。使用"选择" ▮ 命令将产生的面选中，右击，再单击"反转平面"，如图 3-9 所示。

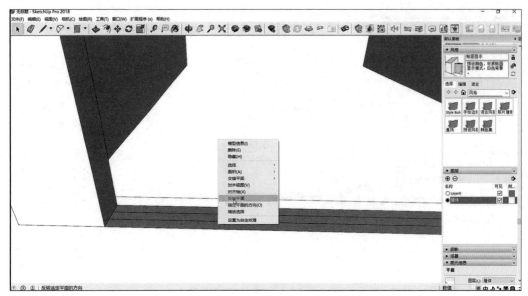

图 3-9

（2）使用"推拉" 命令，选择窗洞下方的造型并向上推拉，在主界面右下角对话框中输入推拉高度300毫米，按回车键，如图3-10所示。

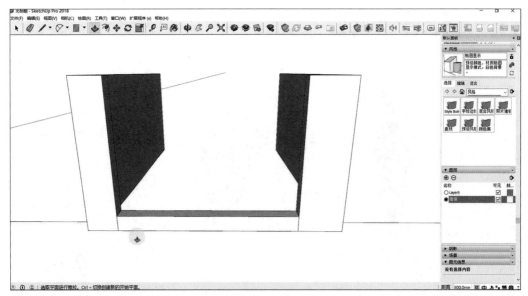

图 3-10

（3）使用"矩形" 命令，在窗洞位置的上方，以墙体顶面为参照绘制矩形。使用"选择" 命令将产生的面选中，按Delete键将产生的多余的面删除，如图3-11所示。

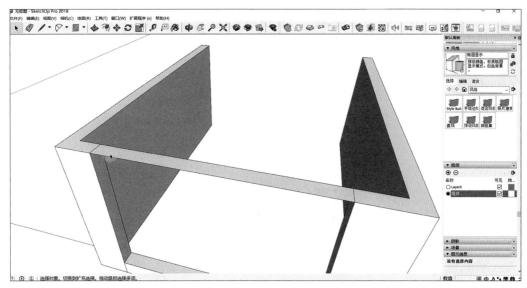

图 3–11

（4）使用"推拉" 命令，选择窗洞上方的面并向下推拉，在主界面右下角对话框中输入推拉高度 300 毫米，按回车键，如图 3–12 所示。

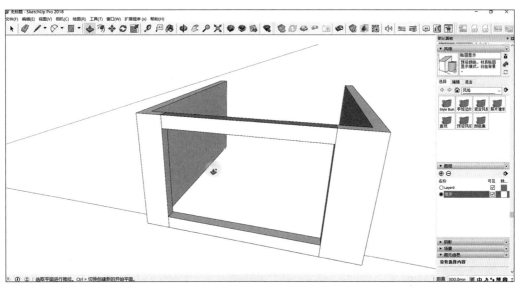

图 3–12

三、创建客厅地面模型

步骤 1：创建地面。

（1）单击"图层"工具栏中的"添加" ⊕ 命令，添加图层，将"图层"命名为"地面"，单击"地面"图层，将"地面"图层置为当前，如图 3–13 所示。

图 3-13

（2）使用"矩形" ▣ 命令，在客厅地面位置以墙体为参照绘制矩形，形成地面。

（3）使用"选择" ▶ 命令将产生的面选中，右击，再单击"反转平面"，如图 3-14 所示。

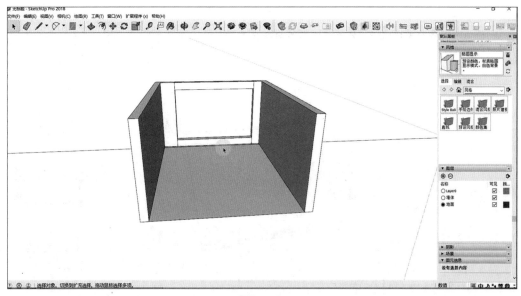

图 3-14

步骤 2：制作踢脚线。

（1）使用"选择" ▶ 命令将客厅地面选中，使用"偏移" ⬚ 命令，将地面轮廓从外向内偏移，在主界面右下角对话框输入偏移距离 15 毫米，按回车键，如图 3-15 所示。

（2）使用"选择" ▶ 命令将客厅与餐厅连接处踢脚线模型内轮廓线选中，按 Delete 键将其删掉。

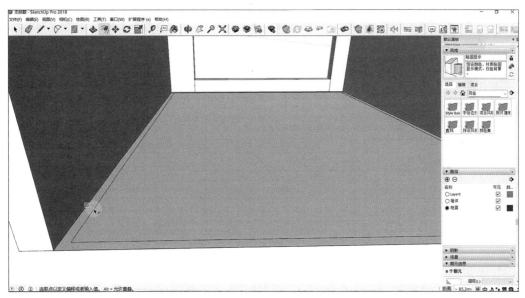

图 3-15

（3）使用"直线" 命令，分别在删除的端部绘制两条直线，补齐踢脚线，如图 3-16 所示。

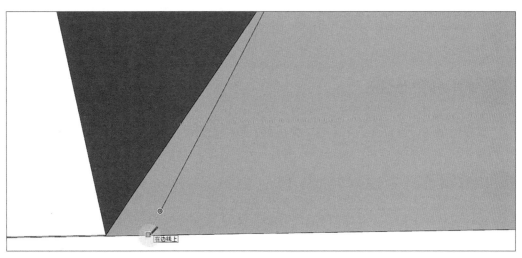

图 3-16

（4）使用"选择" 命令，双击踢脚线模型，将其选中，右击，再单击"创建群组"。

（5）使用"选择" 命令，双击踢脚线模型，进入踢脚线群组，使用"推拉" 命令将踢脚线的面向上推拉，在主界面右下角对话框中输入推拉距离 80 毫米，按回车键，如图 3-17 所示。

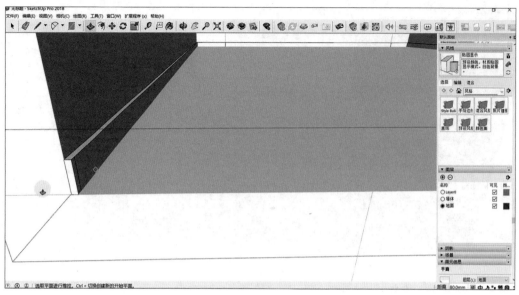

图　3-17

　任务小结

　　本任务主要讲述了客厅项目的墙体三维建模的具体步骤，系统讲解了室内墙体建模的方法和技巧，学生灵活掌握方法，实现知识迁移，能独立完成同类案例的墙体建模。

　课外技能拓展训练

　　运用所学知识以及所给定素材，完成卧室效果图模型制作。

　检查评价

　　客厅效果图墙体建模任务学习评分表如表 3-1 所示。

表 3-1　客厅效果图墙体建模任务学习评分表

考查内容	考核要点	配分	评分标准	得分
AutoCAD 平面图整理	规范整理原始平面图，删除填充图例、家具、门、尺寸等平面图例	30 分	图纸整理规范，30 分	
导入格式	软件单位设置	10 分	导入选项，单位统一为毫米，10 分	
建模细节	墙体建模、门窗洞口建模	60 分	墙体建模，1~30 分 门窗洞口建模，1~30 分	

任务 3-2　客厅效果图顶面和墙面装饰造型建模

 情境导入

1. 教师对上次任务的内容、目标进行回顾，对上次任务的学习重点、难点进行再次讲解示范，以达到加强巩固学习效果的目的。

2. 教师介绍本次任务的学习内容、重点、难点，以及教学思路。

 任务目标

知识目标：

1. 了解客厅效果图装饰造型建模的基本流程。

2. 熟悉客厅效果图装饰造型建模的基本内容。

3. 掌握客厅效果图装饰造型建模的方法。

技能目标：

1. 提升客厅项目装饰造型快速建模的能力。

2. 提高学生从理论到实践的综合应用能力。

3. 深化学生客厅项目的设计表达能力。

素质目标：

1. 培养学生独立思考和解决问题的能力。

2. 培养学生举一反三的学习能力。

思政目标：

1. 引导学生了解中国传统美学。

2. 培养学生的工匠精神。

3. 培养学生认真、严谨的职业精神。

一、创建客厅顶面模型

步骤 1：创建顶面。

（1）单击"图层"工具栏中的"添加" ⊕ 命令，添加图层，将"图层"命名为"顶面"，单击"顶面"图层，将"顶面"图层置为当前，如图 3-18 所示。

（2）使用"矩形" ▇ 命令，在客厅顶面位置，以墙体为参照绘制矩形，形成顶面。

视频 3-2

顶面建模

图 3-18

（3）使用"选择" <kbd>▶</kbd> 命令将产生的顶面选中，右击，再单击"反转平面"，如图 3-19 所示。

步骤 2：创建顶面造型辅助线。

（1）使用"卷尺" <kbd>🖉</kbd> 命令，从顶面墙角处沿着红色轴线向中间方向做出尺寸辅助线，在软件界面右下角输入辅助线的偏移距离 350 毫米，如图 3-20 所示。

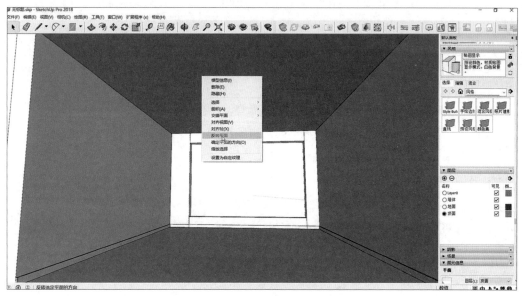

图 3-19

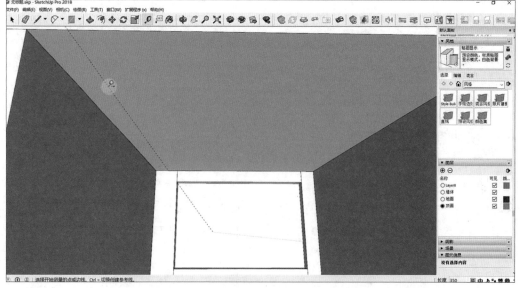

图 3-20

（2）借助"卷尺"命令，重复上述步骤，将顶面除窗帘盒所在之外的其他三边全部做出尺寸辅助线。

步骤 3：创建暗装窗帘盒造型辅助线。

（1）使用"卷尺" 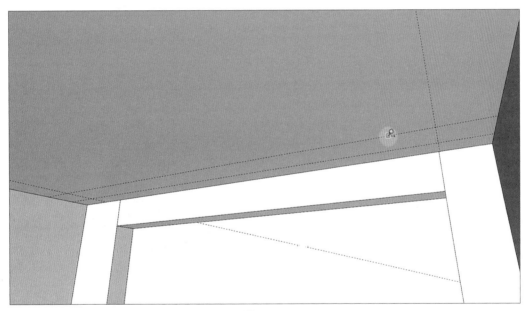命令，从顶面窗户处墙角沿着红色轴线向中间方向做出尺寸辅助线，在软件界面右下角输入辅助线的偏移距离 200 毫米，形成暗装窗帘盒的宽度辅助线。

小技巧：暗装窗帘盒的宽度一般在 160 毫米至 200 毫米之间，如果悬挂双层窗帘，则使用 200 毫米的宽度比较适合。暗装窗帘盒的深度一般为 200 毫米。

（2）使用"卷尺" 命令，从暗装窗帘盒辅助线处沿着红色轴线向中间方向做出顶面造型尺寸辅助线，在软件界面右下角输入辅助线的偏移距离 350 毫米，形成顶面造型宽度辅助线，如图 3-21 所示。

图 3-21

步骤 4：创建顶面造型模型。

（1）使用工具栏中的"直线" 命令，沿着辅助线，在顶面上绘制出造型的轮廓，如图 3-22 所示。

（2）使用"推拉" 命令，选择顶面造型轮廓并向下推拉，在主界面右下角对话框输入推拉高度 200 毫米，按回车键，如图 3-23 所示。

（3）使用"卷尺" 命令，从造型的阳角处沿着轴线向上做出顶面造型辅助线，在软件界面右下角输入辅助线的偏移距离 40 毫米，形成顶面造型辅助线，如图 3-24 所示。

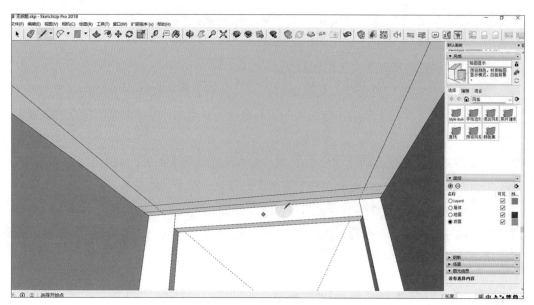

图　3-22

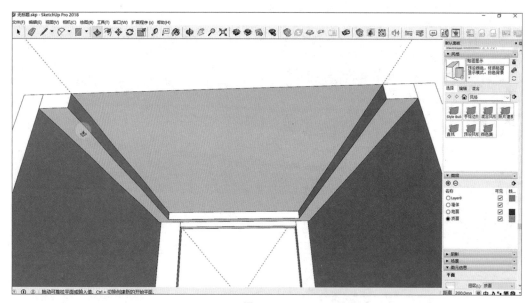

图　3-23

（4）使用工具栏中的"直线" 命令，沿着刚刚做出的辅助线，在造型侧面绘制出小造型的轮廓。

（5）使用"选择" 命令将产生的辅助线选中，按 Delete 键删掉。

（6）使用"推拉" 命令，选中顶面的小造型并向内推拉，在主界面右下角对话框中输入推拉高度 20 毫米，按回车键。重复操作该命令，将顶面造型全部完成，如图 3-25 所示。

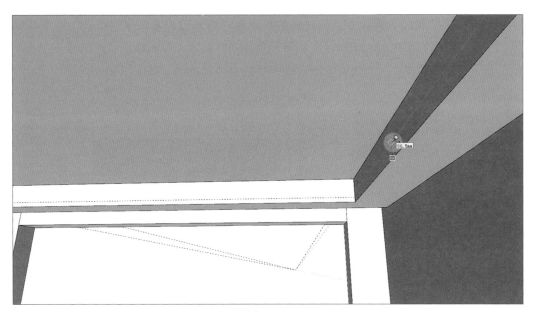

图 3-24

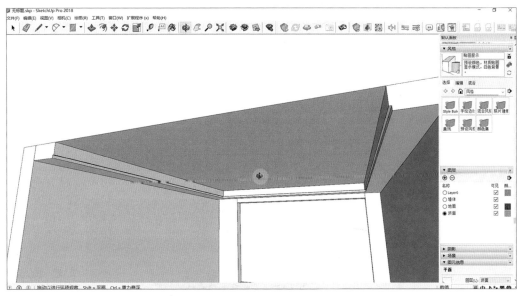

图 3-25

二、创建沙发背景墙造型模型

步骤 1：绘制出背景墙造型的边界。

（1）单击软件界面右下角的"墙体"图层，将该图层置为当前。

（2）使用"选择" 命令，双击沙发背景墙的面。

（3）使用"卷尺" 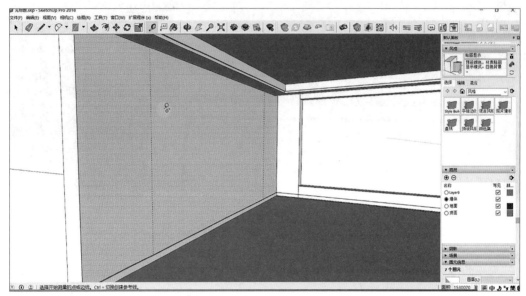命令，从背景墙左侧或者右侧边沿着轴线向内做出造型辅助线，在软件界面右下角输入辅助线的偏移距离 1 000 毫米，形成背景墙造型的其中一条辅助线。重复上述操作，做出背景墙造型的另外一条辅助线，如图 3-26 所示。

图　3-26

（4）使用工具栏中的"直线" 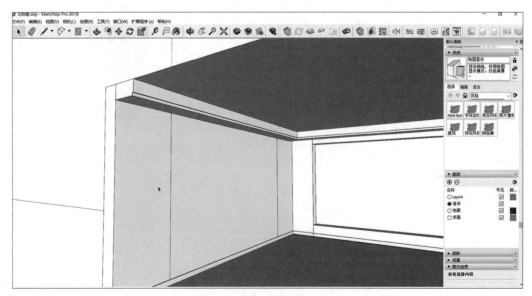命令，沿着造型辅助线绘制出造型的分界线，如图 3-27 所示。

图　3-27

步骤 2：创建出背景墙造型。

（1）使用"选择" ▶ 命令，选中造型其中一条分界线。

（2）使用"移动" ✥ 命令，按 Ctrl 键，沿着轴线向背景墙中间移动，在软件界面右下角输入复制的距离 10 毫米，如图 3-28 所示。重复上述操作，将背景墙造型分界线复制出来。

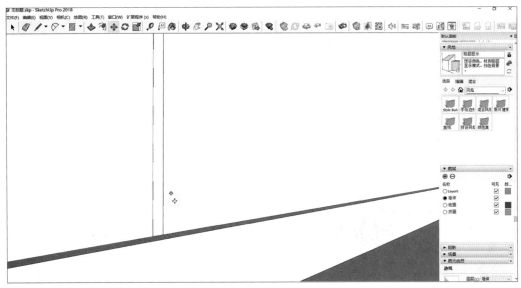

图　3-28

（3）使用"推拉" ✥ 命令将装饰条造型向内推拉，在主界面右下角对话框中输入推拉距离 5 毫米，按回车键，如图 3-29 所示。

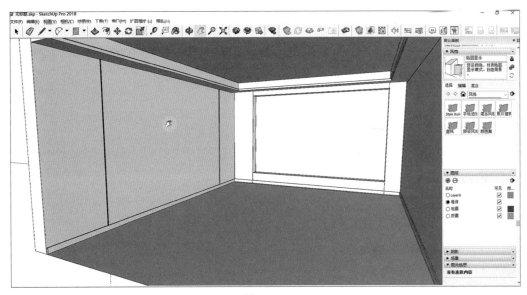

图　3-29

小技巧：在装修施工过程中，两种装饰材料的拼接缝往往比较丑陋，所以会使用金属收边条或者金属装饰条进行装饰，在该案例中，为了让效果图与施工落地效果更贴切，在建模过程中也需要创建出金属装饰条的效果。

三、导入家具模型

视频 3-3

导入模型

（1）单击"文件"—"导入"命令，在弹出对话框的右下角更改格式为".skp"，然后选中对应的 SU 窗帘模型，单击"导入"，如图 3-30 所示。导进来后在空白处单击，将窗帘模型确定下来。

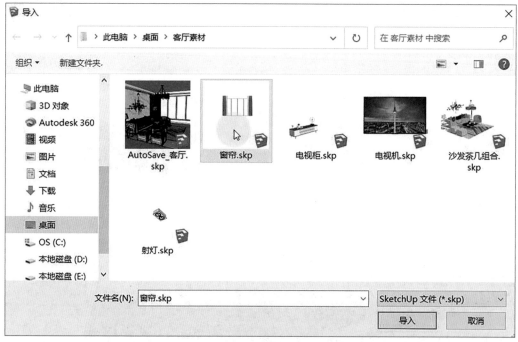

图 3-30

（2）单击"旋转" ⟳命令，找到方便观察窗帘的角度。

（3）单击工具栏中的"视图" / "表面类型"，选择"X 光透视模式"。使用"移动" ✚命令，将窗模型移动至窗帘盒内。

（4）单击工具栏中的"相机" / "标准视图"，选择"顶视图"。单击工具栏中的"平行投影"。

（5）选择"旋转" ⟳命令，将窗模型沿着 Z 轴旋转 90 度，达到与窗口位置相适合的角度。

（6）再次使用"移动" ✚命令，将窗模型移动至窗帘盒内。

（7）单击工具栏中的"相机"—"透视显示"。

（8）使用"选择" 命令将窗模型选中，双击，进入窗模型的组件内，按住左键对超出墙体的窗帘进行框选，然后移动到合适的位置。

（9）使用"选择" 命令将窗模型选中，双击，进入窗模型的组件内，选中窗框模型，使用"缩放" 命令，将光标放在绿色的缩放点上，根据窗洞大小调整窗模型的大小，直至窗模型大小与窗洞大小完全匹配。

（10）以同样的操作步骤完成其他家具模型的导入，如图 3-31 所示。

图 3-31

小技巧：当从模型素材网站下载的模型不太满足效果图表现要求的时候，首先对导入的 SU 模型进行修改调整，不能简单地使用。

任务小结

本任务主要讲述了客厅项目的顶面、墙面装饰造型的三维建模方法以及模型导入方法，系统讲解了沙发背景墙造型建模的方法和技巧，学生灵活掌握方法，实现知识迁移，能独立完成相似造型的建模。

课外技能拓展训练

运用所学知识以及给定素材，完成卧室效果图模型制作。

检查评价

客厅效果图顶面和墙面装饰造型建模任务学习评分表如表 3-2 所示。

表 3-2　客厅效果图顶面和墙面装饰造型建模任务学习评分表

考查内容	考核要点	配分	评分标准	得分
顶面建模	灵活使用图层、组件等功能	30 分	运用图层创建顶面模型，30 分	
背景墙造型建模	灵活运用推拉、偏移、组件等功能	60 分	背景墙建模，1~30 分 踢脚线建模，1~30 分	
模型导入	正确选择导入格式，能对模型的大小、方向调整修改	10 分	模型导入合适的位置、调整模型大小，10 分	

任务 3-3　客厅的材料、灯光编辑及渲染

 情境导入

1. 教师对上次任务的内容、目标进行回顾，对上次任务的学习重点、难点进行再次讲解示范，以达到加强巩固学习效果的目的。

2. 教师介绍本次任务的学习内容、重点、难点，以及教学思路。

 任务目标

知识目标：

1. 掌握客厅效果图制作中材料的编辑方法。

2. 掌握客厅效果图制作中灯光的编辑方法。

3. 掌握客厅效果图制作中 Enscape 的渲染方法。

技能目标：

1. 灵活运用材料编辑方法进行效果图制作的能力。

2. 灵活运用灯光编辑方法进行效果图制作的能力。

3. 灵活运用 Enscape 渲染方法进行效果图制作的能力。

素质目标：

1. 培养学生独立思考和解决问题的能力。

2. 培养学生举一反三的学习能力。

思政目标：

1. 培养学生生态节能的意识。

2. 培养学生的工匠精神。

3. 培养学生认真、严谨的职业精神。

一、客厅材料的编辑

视频 3-4

材质编辑

1. 地砖材质编辑

（1）在软件界面右侧找到"材料"编辑面板，并将材料下拉框的类型选择为"图案"，如图 3-32 所示。

（2）使用"材质" 命令，在"材料"编辑界面中，单击"选择"界面，在下拉框内选择"图案"。在图案界面中选择任意一种图案，用"材质"命令将其附给地面。

（3）单击材料编辑界面中的"编辑"命令，勾选"使用纹理图像"，单击"文件夹" 命令，在弹出的对话框中找到地砖材质贴图的储藏位置，选中地砖材质贴图，单击"打开"，如图 3-33 所示。

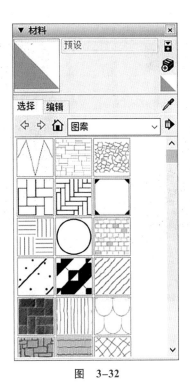

图 3-32

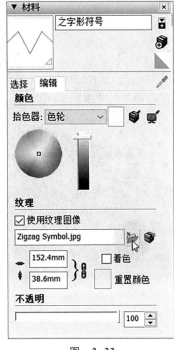

图 3-33

（4）在"材料"编辑界面中调整地砖材质的大小，分别输入长度 1 200 毫米、宽度 600 毫米。

小技巧：室内地砖材质的大小要尽量根据地砖的实际规格来调整。常见的地砖规格有 300 毫米 ×300 毫米、400 毫米 ×400 毫米、600 毫米 ×600 毫米、800 毫米 × 800 毫米、600 毫米 ×1 200 毫米、1 000 毫米 ×1 000 毫米。

2. 大理石材质编辑

（1）在软件界面右侧找到"材料"编辑面板，并将材料下拉框的类型选择为"图案"。

（2）使用"材质" 🖌️ 命令，在"材料"编辑界面中，单击"选择"界面，在下拉框内选择"图案"。在图案界面中选择任意一种图案（前面用过的图案不要重复使用），用"材质"命令将其附给地面。

（3）单击"材料"编辑界面中的"编辑"命令，勾选"使用纹理图像"，单击"文件夹" 📁 命令，在弹出的对话框中找到大理石材质贴图的储藏位置，选中大理石材质贴图，单击"打开"。

（4）在"材料"编辑界面中调整大理石材质的大小，分别输入长度 4 000 毫米、宽度 4 000 毫米，如图 3-34 所示。

图 3-34

3. 木饰面材质编辑

（1）在软件界面右侧找到"材料"编辑面板，并将材料下拉框的类型选择为"图案"。

（2）使用"材质" 🖌️ 命令，在"材料"编辑界面中，单击"选择"界面，在下拉

框内选择"图案"。在图案界面中选择任意一种图案（前面用过的图案不要重复使用），
用"材质"命令将其附给地面。

（3）单击"材料"编辑界面中的"编辑"命令，勾选"使用文理图像"，单击"文
件夹" ▶命令，在弹出的对话框中找到木饰面材质贴图的储藏位置，选中木饰面材质贴
图，单击"打开"。

（4）在"材料"编辑界面中调整木饰面材质的大小，分别输入长度 1 000 毫米、高
度 2 800 毫米，如图 3-35 所示。

图　3-35

4. 乳胶漆材质编辑

（1）在软件界面右侧找到"材料"编辑面板，并将材料下拉框的类型选择为
"颜色"。

（2）使用"材质" ⊛命令，在"材料"编辑界面中，单击"选择"界面，在下面
的颜色选项中选择白色，用"材质"命令将其附给顶面和剩余的墙面。

5. 金属材质编辑

（1）在软件界面右侧找到"材料"编辑面板，并将材料下拉框的类型选择为
"金属"。

（2）使用"材质" ⊛命令，在"材料"编辑界面中，单击"选择"界面，在下面的
金属材料选项中选择"拉丝不锈钢"，用"材质"命令将其附给背景墙的金属装饰缝。

（3）单击"材料"编辑界面中的"编辑"命令，通过调整调色盘来调整金属的颜
色为金色。

6. 在 Enscape 中再次编辑材质参数

（1）单击"Enscape 材质" 命令，弹出"Enscape 材质"对话框，如图3-36所示。

图　3-36

（2）单击"Enscape 材质"界面的"凹凸"命令，单击"使用反射率"通过数量大小调整材质的粗糙质感，数值越大，材料表面越粗糙。

小技巧：表面粗糙的材料都要调整"凹凸"参数，如仿古砖、木饰面、布料、墙纸等。对于光滑的材料则不用调整"凹凸"参数，如大理石、玻璃、金属等。

（3）单击"Enscape 材质"界面的"反射"命令，通过调整"粗糙度"数值和"镜面"数值的大小体现材料的光泽感。粗糙度数值越大，材质的质感越粗糙。金属的数值越大，金属感越强。镜面的数值越大，反射效果越强。

（4）依次对客厅中用到的材质进行"凹凸""镜面"相关参数的调整。材料参数调整后如图 3-37 所示。

图 3-37

二、客厅灯光的编辑

在灯光编辑之前，需要在电脑上安装好 Enscape 软件，Enscape 是与 SU 软件搭配使用的插件性软件，其具备操作简单、在线实时渲染等优点受到很多从业设计师的青睐。

视频 3-5
灯光编辑

步骤 1：创建射灯光源。

（1）单击工具栏中的 Enscape 图标，弹出"Enscape 对象"对话框，如图 3-38 所示。

图 3-38

（2）单击"射灯"命令，在轨道射灯模型位置单击，确定蓝色的基底，再次单击，确定射灯的定位，最后单击确定射灯照射的方向，如图 3-39 所示。

（3）单击射灯照射轴线上的红点，移动鼠标可以调整优化射灯照射的方向。

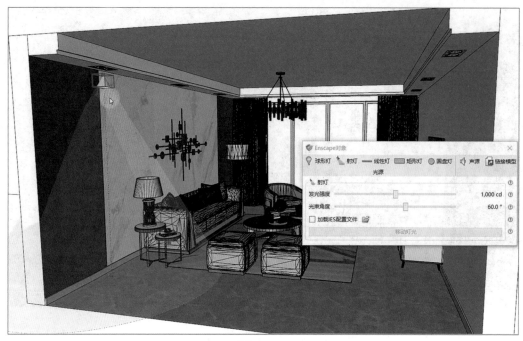

图　3-39

步骤 2：编辑射灯光源参数。

（1）将光标放在参数滑杆上，按住鼠标左键，调整发光强度至 1 000 光强左右。

（2）将光标放在参数滑杆上，按住鼠标左键，调整光束角度至 60 度左右，如图 3-40 所示。

图　3-40

（3）勾选"Enscape 对象"中的"加载 IES 配置文件"，弹出对话框，找到射灯光域网素材所在的文件夹，选中"射灯光域网 .IES"素材，单击"打开"，如图 3-41 所示。

（4）选择"移动" ✥ 命令，选中射灯的光源，沿着红色轴线逐一进行复制，分别放在其他射灯模型的下方，如图 3-42 所示。

图 3-41

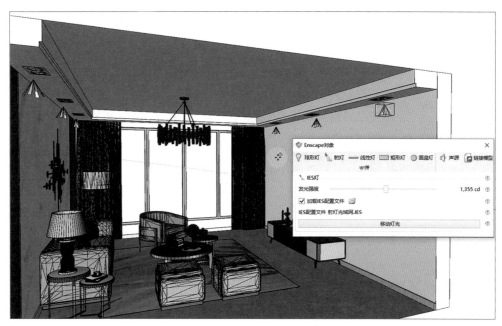

图 3-42

小技巧：

（1）射灯的种类不同，亮度也不尽相同，一般初次编辑射灯参数以 2 000 光强比较常见，在渲染过程中再根据效果图的灯光效果返回调整光源的强度。光强的数值越大，表示灯光亮度越强。射灯的光束角规格也比较多样，一般以 60 度为常见。

75

（2）射灯能照射产生形状非常丰富的光影在于加载不同的光域网素材，不同的光域网照射产生的灯光效果不尽相同，需要根据设计师的灯光要求选择合适的光域网素材。光域网素材可以自行在网站上下载。

步骤 3：创建台灯光源。

单击"球形灯"命令 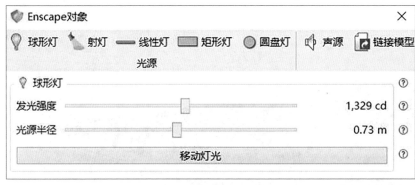，在台灯灯罩内单击，确定球形灯轴线的第一个点，然后移动鼠标，沿着灯光轴线垂直向下，再次单击，确定球形灯轴线的第二个点，最终创建完成球形灯。

步骤 4：编辑台灯光源。

（1）将光标放在参数滑杆上，按住鼠标左键，调整发光强度至 1 300 光强左右。

（2）将光标放在参数滑杆上，按住鼠标左键，调整光源半径为 0.7 米左右，如图 3-43 所示。

图 3-43

（3）选择"移动" ✛ 命令，选中台灯光源，优化调整其位置，使其在灯罩范围内。

步骤 5：创建落地灯光源。

选择"移动" ✛ 命令，选中台灯光源，按 Ctrl 键，复制到落地灯的灯罩范围内。

三、渲染效果图

步骤 1：创建场景。

（1）单击工具栏中的"相机"—"定位相机"，在客厅地面上单击，确定相机的位置。

（2）单击工具栏中的"相机"—"漫游"，按住鼠标左键往前或往后移动鼠标，从而调整视角画面的前后景深。按住鼠标滑轮移动鼠标，可以调整视角画面的左右范围，直至画面构图完美。

视频 3-6

渲染

（3）单击工具栏中的"视图"—"动画"—"添加场景"，在画面的左上角生成"场景号1"，从而将调整好的画面保存下来。

步骤 2：渲染效果图。

（1）单击工具栏中的 启动"Enscape"命令，如图 3-44 所示。

图　3-44

（2）单击渲染工具栏中的"实时更新"命令，从而保证对模型调整后在效果图中及时体现出来。

（3）单击渲染工具栏中的"视觉设定"命令，在"视觉设定"命令中，单击"渲染"，在"渲染"命令中，通过灵活调整"曝光度"来控制效果图的整体亮度，曝光度一般在 28% 左右比较适中。

（4）在"视觉设定"命令中，单击"影像"，在"影像"命令中，根据需要的效果，灵活调整"阴影""饱和""色温"的数值。

（5）在"视觉设定"命令中，单击"天气环境"，在"天气环境"命令中，通过调整"照明"中的"阳光强度"数值来控制阳光的强弱，调整"地平线"的旋转数值来控制阳光照射的方向。

（6）在"视觉设定"命令中，单击"输出图像"，修改所需的效果图分辨率数值。通过"默认文件夹"设置效果图保存的地址，通过"文件格式"的下拉框选择需要的效果图出图格式，一般为 .jpg 格式。

小技巧：在渲染中通过调整分辨率的数值来控制效果图的大小和出图质量，数值越大，效果图的质量越高，所需要的时间也越长。但是在渲染初稿的时候，为了节省时间、快速看到初步效果，所取分辨率的数值要小一些，一般分辨率在 600~800 范围取值。当渲染最终大图的时候，分辨率在 1 500~3 000 范围取值。

任务小结

本任务主要讲述了客厅材质、灯光、渲染的参数编辑方法，系统讲解了地砖、木饰面、大理石的材质编辑，射灯、球形灯的编辑，Encape 渲染的方法。学生灵活掌握方法，实现知识迁移。

课外技能拓展训练

运用所学知识以及所给定素材，完成卧室效果图制作。

 检查评价

客厅的材料、灯光编辑及渲染任务学习评分表如表 3-3 所示。

表 3-3 客厅的材料、灯光编辑及渲染任务学习评分表

考查内容	考核要点	配分	评分标准	得分
材料编辑	灵活调整材质的参数	40 分	材料规格合理、质感明确，1~40 分	
灯光编辑	创建灯光，并且灵活运用灯光的参数	40 分	灯光选用正确、亮度适中，1~40 分	
渲染	渲染出效果较好的效果图	20 分	效果图角度合理，光线、质感真实，1~20 分	

项目 4
民宿效果图项目制作

　　民宿设计是近年来非常火热的项目空间，特别是在乡村振兴的背景下，乡村民宿成为激活乡村闲置房屋的重要形式，民宿设计也成为室内设计师发挥艺术才华的重要阵地，成为设计师的香饽饽。在实践项目中，乡村景观规划都会涉及乡村民宿的设计项目，所以民宿设计方案的效果表现成为学生在校期间要掌握的空间类型。其实民宿效果图表现也是酒店空间这一类别的代表，在公共空间设计中极具代表性。民宿空间的效果图表现要注重材料质感的表达、软装饰品的表达、惬意环境的营造，如图 4-1 所示。

图 4-1　民宿客房效果图

项目提要

本项目需要学生在掌握 SketchUp 基础命令和了解室内设计基本知识的基础之上，依托庭院民宿设计平面图（AutoCAD 文件），并利用 SketchUp、Enscape 等软件来完成案例。

 建议学时

8 学时。

任务 4-1　民宿效果图墙体建模

 情境导入

1. 教师精心收集准备民宿案例图片，总结民宿的特点和发展趋势、民宿设计的重要性，让学生对民宿设计有初步认识，体会到民宿效果图表现的重要性，激发学生的学习兴趣，并对接下来的课程学习内容进行安排。

2. 教师对民宿项目的设计背景、项目场地条件、功能设置进行介绍，让学生了解该民宿项目的设计概况，清楚设计师在效果图制作过程中的设计意图。

 任务目标

知识目标：

1. 了解民宿效果图墙体建模的基本流程。

2. 熟悉民宿效果图墙体建模的基本内容。

3. 掌握民宿效果图墙体建模的方法。

技能目标：

1. 提升学生民宿项目墙体快速建模的能力。

2. 提高学生从理论到实践的综合应用能力。

3. 深化学生民宿项目的设计表达能力。

素质目标：

1. 培养学生独立思考和解决问题的能力。

2. 培养学生举一反三的学习能力。

思政目标：

1. 引导学生了解生态文化、传统文化。

2. 培养学生的工匠精神。

3. 培养学生认真、严谨的职业精神。

一、民宿平面图优化整理

在利用平面图建模之前，为了提升作图的效率和速度，必须对原始的平面图进行整理，步骤如下。

视频 4-1
墙体建模

步骤 1：打开素材库，打开民宿平面图。

步骤 2：删除平面图中的文字和尺寸标注，家具、门，以及所有的填充图例，仅保留平面造型线条。

步骤 3：连接图中未闭合的线条，修复平面造型，使所有的线条造型均处于闭合状态，图纸整理效果如图 4-2 所示。

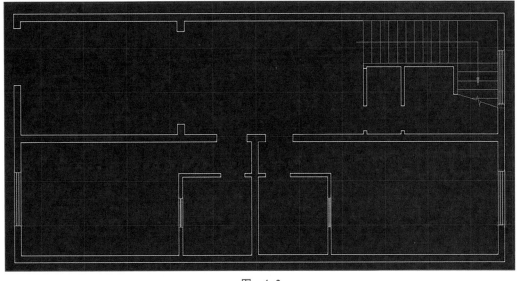

图　4-2

步骤 4：存储调整好的平面图文件，存储格式如图 4-3 所示。

二、民宿效果图墙体建模

将整理好的 CAD 图纸文件导入 SketchUp 软件，步骤如下。

步骤 1：新建文件。启动 SketchUp 软件，新建一个空白文件。

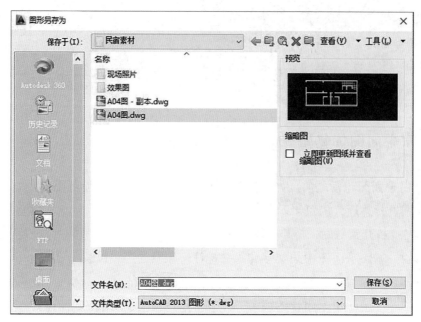

图　4-3

　　步骤 2：导入 AutoCAD 文件。打开 SketchUp 软件，使用"文件"—"导入"命令，选择整理好的 AutoCAD 文件，在导入命令面板上单击"选项"命令，调整单位为毫米，并勾选"合并共面平面"和"平面方向一致"。单击"好"，再单击"导入"，调整面板如图 4-4 所示。这样就可以把 AutoCAD 图形比较完整、准确地导入 SketchUp 软件中。

图　4-4

步骤 3：绘制墙体。

（1）在工具栏中调出"图层"命令，"图层"命令显示在软件界面的右下角，如图 4-5 所示。

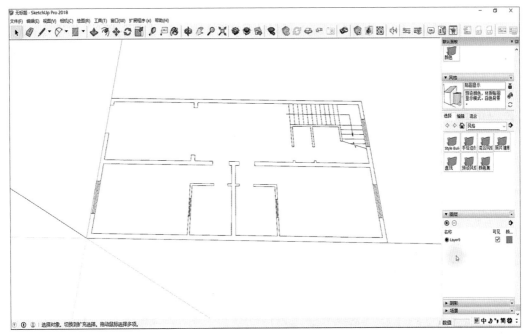

图 4-5

（2）单击图层工具栏中的"添加" ⊕ 命令，添加"图层"，"图层"名称命名为"墙体"，单击"墙体"图层，将"墙体"图层置为当前。

（3）使用工具栏中的"直线" ✏ 命令，沿着 CAD 墙体勾勒出墙体轮廓，在墙体勾勒过程中以门、窗为分段，对墙体逐一勾勒，直至所有墙体勾勒完成。

（4）检查一遍所勾墙体是否存在多余的线段，若有，使用"选择" ▶ 命令将其选中，按 Delete 键将其删掉。

小技巧：在墙体绘制过程中，也可以使用"矩形" ▣ 命令绘制墙体，在绘制过程中要根据墙体的特点灵活使用，提高作图速度。

（5）使用"推拉" ◆ 命令，选择一段墙体的造型并向上推拉，在主界面右下角对话框中输入推拉高度 2 800 毫米，按回车键，再一次使用"推拉" ◆ 命令，选择墙体顶部推拉高度为 2 800 毫米。以此类推，制作其余墙体，完成效果如图 4-6 所示。

步骤 4：制作门窗洞口。

（1）使用"矩形" ▣ 命令，在窗洞位置的上方，以墙体顶面为参照绘制矩形，如图 4-7 所示。

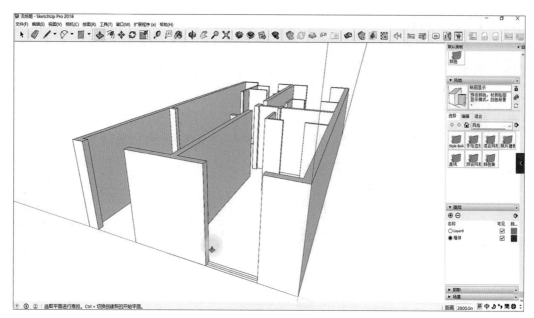

图　4-6

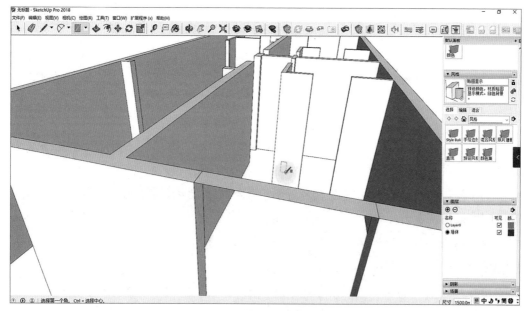

图　4-7

（2）使用"矩形" ■命令，在窗洞位置下方，以墙体底面为参照绘制矩形。

（3）使用"选择" ▶命令将产生的面选中，按 Delete 键将其删掉，如图 4-8 所示。

（4）使用"推拉" ◆命令，选择窗洞上方的面并向下推拉，在主界面右下角对话框输入推拉高度 500 毫米，按回车键，使用"选择" ▶命令选中窗洞下方的面，右击，选择"反转平面"命令，将面的反面改为正面，再一次使用"推拉" ◆命令，选择窗

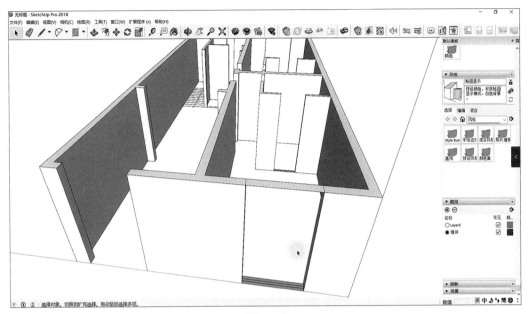

图 4-8

洞下方的面并向上推拉，在主界面右下角对话框中输入推拉高度 900 毫米，按回车键，窗洞形成，如图 4-9 所示。

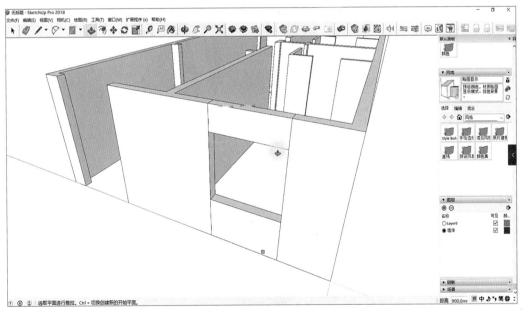

图 4-9

（5）使用"矩形" ■ 命令，在门洞位置上方，以墙体顶面为参照绘制矩形，如图 4-10 所示。

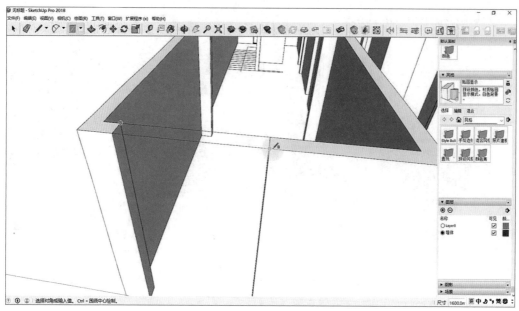

图　4-10

（6）使用"推拉" 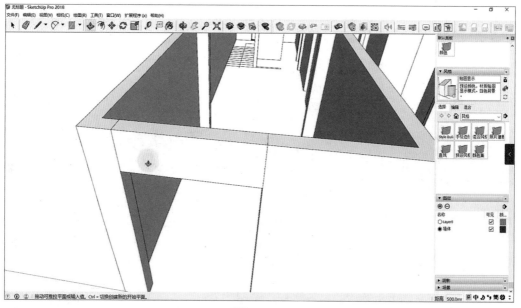 命令，选择门洞上方的面并向下推拉，在主界面右下角对话框中输入推拉高度 500 毫米，按回车键，如图 4-11 所示。

图　4-11

小技巧：在门窗洞绘制过程中，为了提高建模速度，一般使用"矩形" ▢ 命令将同一个房间内的所有门洞、窗洞的面依次都绘制完成，然后使用"选择" ▧ 命令将产生的顶面选中，按 Delete 键将其删掉，如图 4-12 所示。

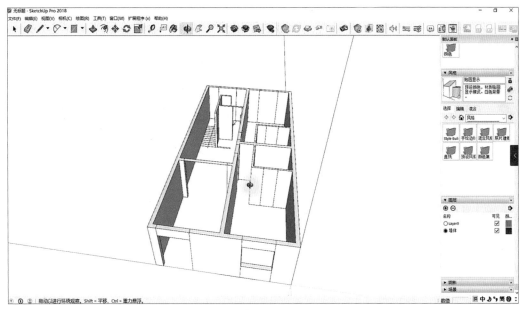

图 4-12

（7）重复门窗洞的建模步骤，完成其他门窗洞的建模。

小技巧：在门窗洞绘制过程中，如果在推拉时出现空洞情况，如图 4-13 所示，解决方法为：选择"推拉" ◆ 命令，按 Ctrl 键，在"推拉" ◆ 命令上会显示增加"小加号"，如图 4-14 所示，然后再向下推拉，在主界面右下角对话框中输入对应的推拉高度，按回车键。

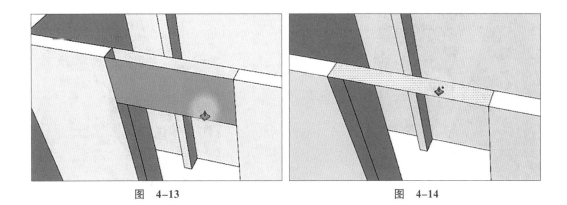

图 4-13   图 4-14

步骤 5：制作接待处洞口。

（1）使用"矩形" ▦ 命令，在接待处墙体位置以墙体为参照绘制矩形，使用"推拉" ◆ 命令，选择接待处下方的面并向上推拉，在主界面右下角对话框中输入推拉高度 900 毫米，按回车键，如图 4-15 所示。

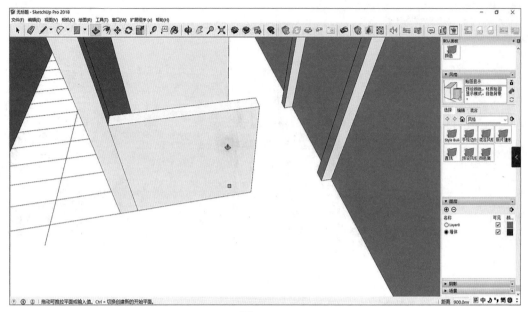

图　4-15

（2）选择"卷尺"命令 🖊，沿着墙体顶面向下量取，在主界面右下角对话框中输入测量高度 500 毫米，按回车键，如图 4-16 所示。

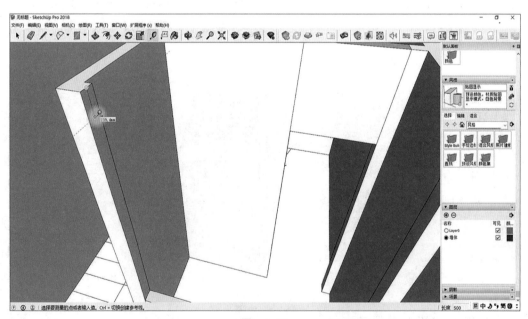

图　4-16

（3）使用工具栏中的"直线" 🖊 命令，沿着尺寸虚线绘制一条直线，使用"推拉" 🔷 命令，选择门洞侧方的面并推拉至对面墙体，如图 4-17 所示。

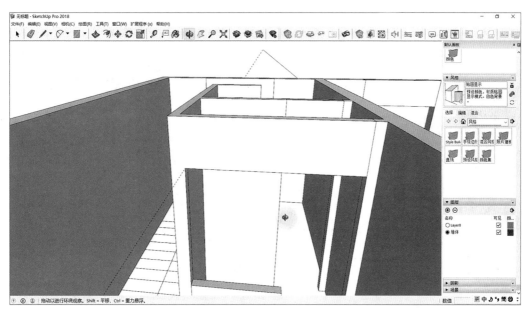

图　4-17

（4）选择"卷尺"命令，沿着接待处窗台向内测作辅助线，在主界面右下角对话框输入测量距离 150 毫米，按回车键，如图 4-18 所示。

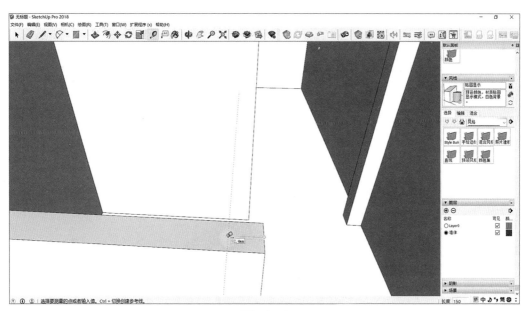

图　4-18

（5）使用工具栏中的"直线"命令，沿着尺寸虚线绘制一条直线，使用"推拉"命令，选择该面并推拉至顶面墙体，使用"选择"命令将产生的顶面选中，按 Delete 键将其删掉；将辅助线选中，按 Delete 键将其删掉，如图 4-19 所示。

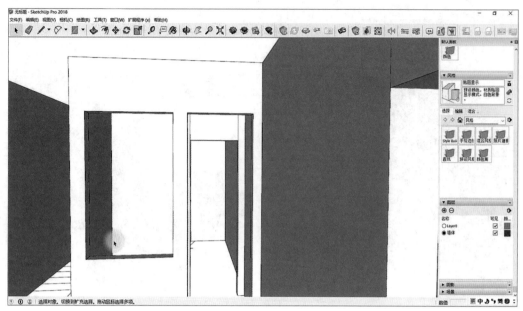

图　4-19

（6）对墙体模型进行修整，使用"选择" 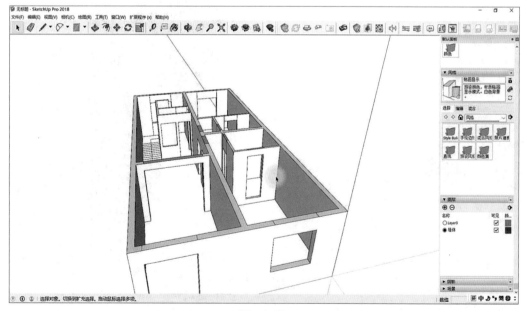 命令将产生的多余的线依次选中，按Delete 键将其删掉，完成民宿案例的墙体建模，如图 4-20 所示。

图　4-20

任务小结

本任务主要讲述了民宿项目的墙体三维建模的具体步骤，系统讲解了室内墙体建模的方法和技巧，学生灵活掌握方法，实现知识迁移，能独立完成同类案例的墙体建模。

 课外技能拓展训练

运用所学知识以及所给定素材，完成酒店客房效果图模型制作。

 检查评价

民宿效果图墙体建模任务学习评分表如表 4-1 所示。

表 4-1 民宿效果图墙体建模任务学习评分表

考查内容	考核要点	配分	评分标准	得分
AutoCAD 平面图整理	规范整理原始平面图，删除填充图例、家具、门、尺寸标注等平面图例	30 分	图纸整理规范，30 分	
导入格式	软件单位设置	10 分	导入选项，单位统一为毫米，10 分	
建模细节	墙体建模、门窗洞口建模	60 分	墙体建模，1~30 分 门窗洞口建模，1~30 分	

任务 4-2 民宿效果图装饰造型建模

 情境导入

1. 教师对上次任务的内容、目标进行回顾，对上次任务的学习重点、难点进行再次讲解示范，以达到加强巩固学习效果的目的。

2. 教师介绍本次任务的学习内容、重点、难点，以及教学思路。

 任务目标

知识目标：

1. 了解民宿效果图装饰造型建模的基本流程。

2. 熟悉民宿效果图装饰造型建模的基本内容。

3. 掌握民宿效果图装饰造型建模的方法。

技能目标：

1. 提升学生民宿项目装饰造型快速建模的能力。

2. 提高学生从理论到实践的综合应用能力。

3. 深化学生民宿项目的设计表达能力。

素质目标：

1. 培养学生独立思考和解决问题的能力。

2. 培养学生举一反三的学习能力。

思政目标：

1. 引导学生了解生态文化、传统文化。

2. 培养学生的工匠精神。

3. 培养学生认真、严谨的职业精神。

一、客房效果图的顶部造型建模

视频 4-2

吊顶建模

步骤 1：创建新图层。

（1）在工具栏中调出"图层"命令，"图层"命令显示在软件界面的右下角。

（2）单击图层"墙体"，按住鼠标左键将民宿墙体模型全部框选，右击，再单击"创建群组"，让所有墙体成为一个群组，如图 4-21 所示。

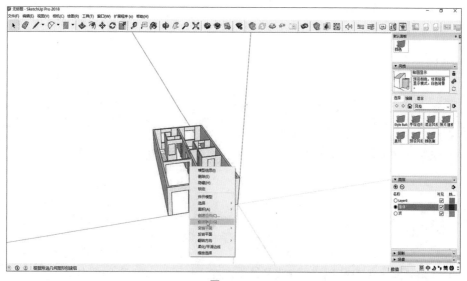

图　4-21

（3）单击图层工具栏中的"添加"⊕命令，添加"图层"，"图层"名称命名为"顶"，单击"顶"图层，将"顶"图层置为当前，如图4-22所示。

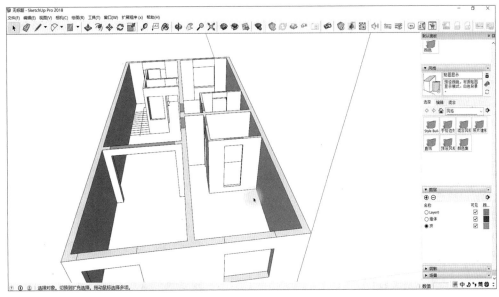

图　4-22

步骤2：创建客房吊顶模型。

（1）使用"矩形"▦命令，在客房吊顶位置，以墙体顶面为参照绘制矩形，再次使用"矩形"▦命令，在客房入口的吊顶位置，以墙体顶面为参照绘制矩形。

（2）使用"选择"▶命令将产生的多余的线选中，按Delete键将其删掉，如图4-23所示。

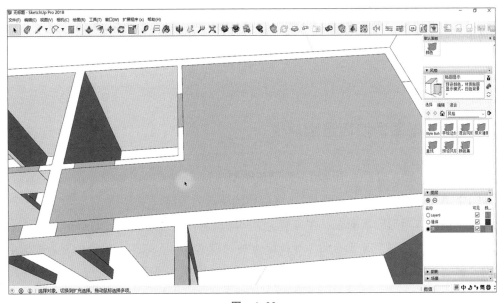

图　4-23

二、客房效果图的地面造型建模

视频 4-3

地面建模

（1）使用"选择" ▲ 命令将吊顶模型选中，双击，将吊顶模型全部选中。

（2）使用"移动" ✤ 命令将吊顶以墙角为参照物复制到底面，形成地面。

（3）使用"选择" ▲ 命令将地面模型选中，右击，再单击"反转平面"，对地面模型的反面进行反转，如图 4-24 所示。

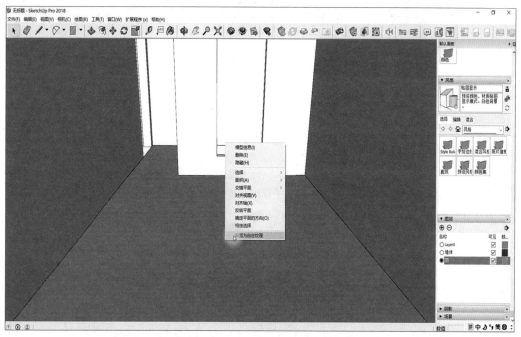

图 4-24

三、客房效果图的墙面造型建模

步骤 1：创建客房卫生间隔墙的玻璃窗模型。

（1）单击"图层"中的"墙体"，将墙体图层置为当前。

（2）使用"矩形" ▣ 命令，在客房卫生间隔墙洞口位置绘制面，如图 4-25 所示。

（3）使用"选择" ▲ 命令将卫生间隔墙玻璃模型选中，双击，将该模型全部选中。使用"移动" ✤ 命令将该模型移动到卫生间隔墙的中间，如图 4-26 所示。

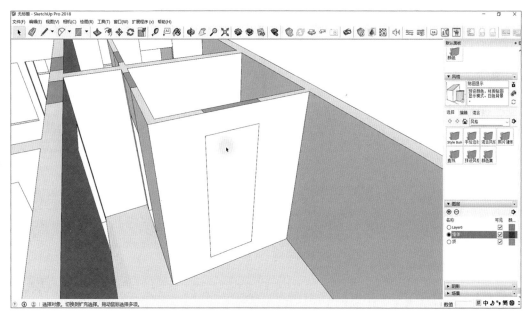

图　4-25

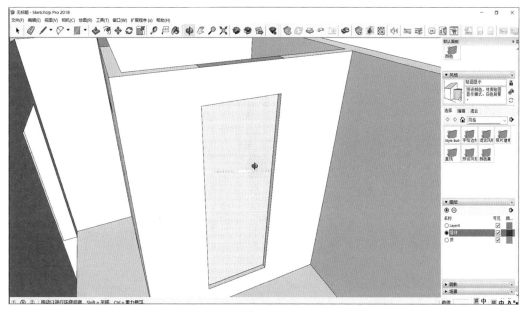

图　4-26

（4）使用"选择" ▸命令再次将卫生间隔墙玻璃模型选中，使用"偏移" 命令，将卫生间隔墙的玻璃从外向内偏移，在主界面右下角对话框输入偏移距离 20 毫米，按回车键，如图 4-27 所示。

（5）使用"推拉" 命令将卫生间隔墙玻璃的边框向外推拉，在主界面右下角对话框输入推拉距离 20 毫米，按回车键，如图 4-28 所示。

图　4-27

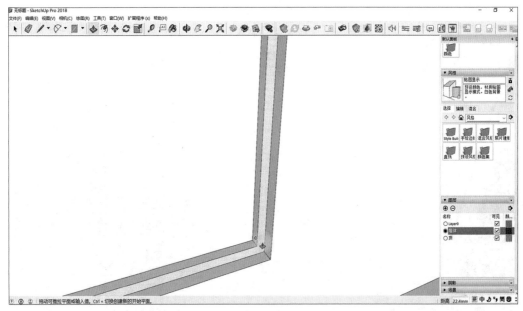

图　4-28

（6）使用"选择" ▸ 命令再次将卫生间隔墙玻璃窗模型全部选中，然后按 Ctrl+
Shift 组合键，再次选择中间的玻璃模型，将其从选中模型中减掉，只选中玻璃窗的边
框模型，右击，再单击"创建群组"命令，让玻璃窗边框成组，如图 4-29 所示。

　　小技巧：在室内造型模型绘制过程中，对材质不同的造型模型都要执行"创建群
组"命令，方便附材质。

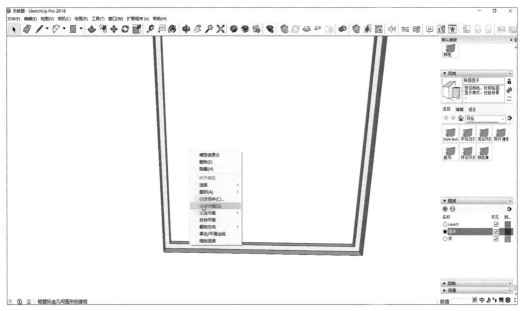

图 4-29

步骤 2：创建客房的踢脚线模型。

（1）使用"选择" ▸ 命令将客房地面的模型选中，使用"偏移" 命令，将地面轮廓从外向内偏移，在主界面右下角对话框输入偏移距离 10 毫米，按回车键，如图 4-30 所示。

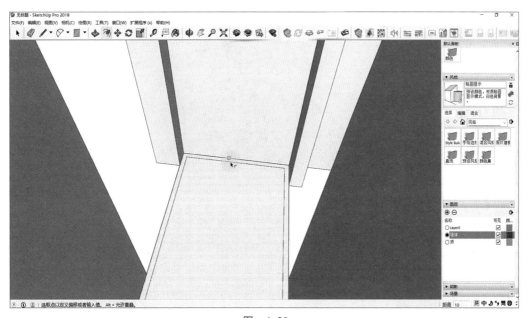

图 4-30

（2）使用"直线" ✐ 命令，在门口的踢脚线处，分别以客房门、卫生间门的洞口宽度为参考，绘制两条直线，如图 4-31 所示。

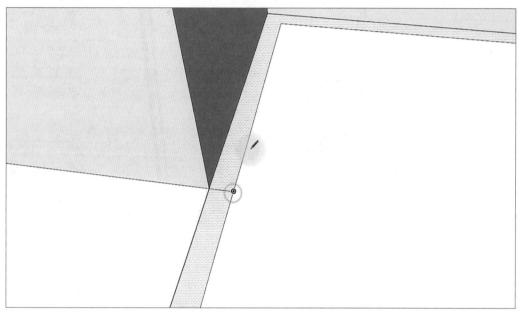

图　4-31

（3）使用"选择" ▸ 命令将门洞口处踢脚线模型内轮廓线选中，按 Delete 键将其删掉，如图 4-32 所示。

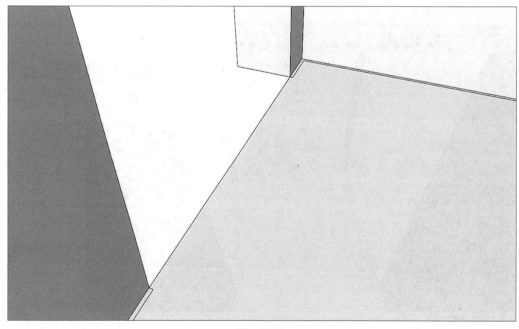

图　4-32

（4）使用"推拉" 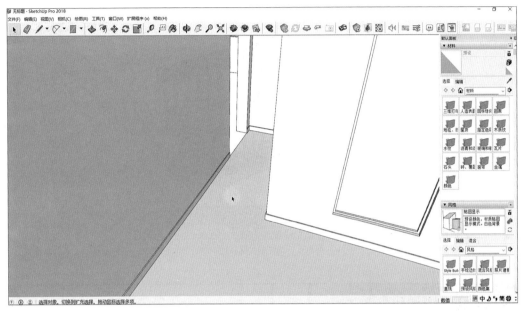命令将踢脚线的面向上推拉，在主界面右下角对话框中输入推拉距离 80 毫米，按回车键，如图 4-33 所示。

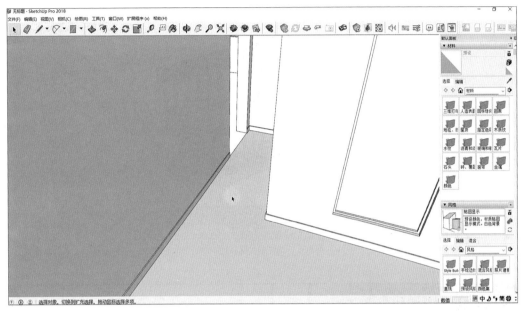

图　4-33

小技巧：室内踢脚线的规格、样式有多种，常见的规格有 60 毫米、80 毫米、120 毫米，其中以 80 毫米的规格使用最为广泛。

（5）使用"选择" 命令将地面连同踢脚线一起选中，按 Ctrl+Shift 组合键，再次选择地面，将地面模型从选取中减掉，右击，再单击"创建群组"。

步骤 3：导入客房内的窗户模型。

（1）单击"文件"—"导入"命令，在弹出对话框的右下角更改格式为".skp"，然后选中对应的 SU 窗户模型，单击"导入"，在空白处单击，将窗户模型确定下来。

（2）使用"选择" 命令将窗户模型选中，双击，进入窗户模型的组件内，双击，将需要删除的多余的造型选中，按 Delete 键，将其删掉。

（3）选择"旋转" 命令，将窗户模型沿着 Z 轴旋转 90 度，达到与窗口位置相适合的角度。

（4）使用"移动" 命令，将窗户模型移动至窗洞外。使用"缩放" 命令，将光标放在绿色的缩放点上，根据窗洞大小调整窗户模型的大小，直至窗户模型大小与窗洞大小完全匹配。使用"移动" 命令，将窗户模型移动至窗洞内，如图 4-34 所示。

（5）重复上述方法，依次将其他 SU 模型导入民宿客房内，并调整到合适的位置和大小，如图 4-35 所示。

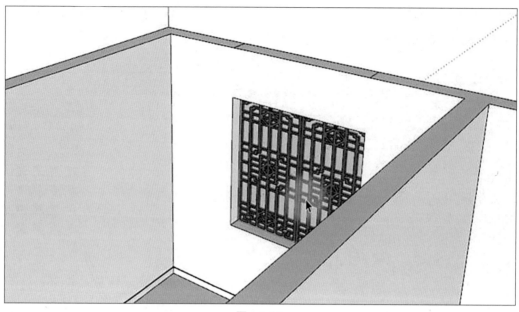

图 4–34

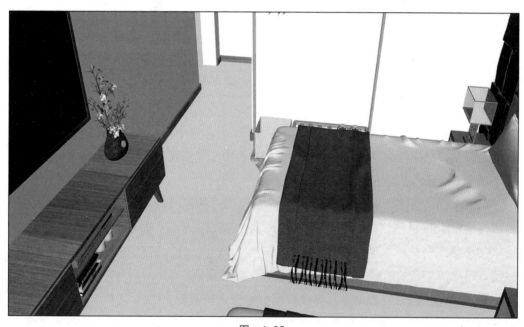

图 4–35

 **任务小结**

本任务主要讲述了民宿客房项目的顶、地面、墙面装饰造型的三维建模方法，系统讲解了墙体装饰造型建模的方法和技巧，学生灵活掌握方法，实现知识迁移，能独立完成相似造型的建模。

课外技能拓展训练

运用所学知识以及所给定素材，完成酒店客房造型模型制作。

 检查评价

民宿效果图装饰造型建模任务学习评分表如表 4-2 所示。

表 4-2　民宿效果图装饰造型建模任务学习评分表

考查内容	考核要点	配分	评分标准	得分
顶面建模	灵活使用图层、组件等功能	15 分	运用图层创建顶面模型，15 分	
地面建模	灵活使用图层、组件等功能	15 分	运用图层创建地面模型，15 分	
窗户、踢脚线建模	灵活运用推拉、偏移、组件等功能	60 分	窗户建模，1~30 分 踢脚线建模，1~30 分	
模型导入	正确选择导入格式，能对模型的大小、方向调整修改	10 分	模型导入合适的位置、调整模型大小，10 分	

任务 4-3　民宿客房的材料、灯光编辑及渲染

 情境导入

1. 教师对上次任务的内容、目标进行回顾，对上次任务的学习重点、难点进行再次讲解示范，以达到加强巩固学习效果的目的。

2. 教师介绍本次任务的学习内容、重点、难点，以及教学思路。

 任务目标

知识目标：

1. 掌握民宿效果图制作中材料编辑方法。

2. 掌握民宿效果图制作中灯光的编辑方法。

3. 掌握民宿效果图制作中 Enscape 的渲染方法。

技能目标：

1. 灵活运用材料编辑方法进行效果图制作的能力。

2. 灵活运用灯光编辑方法进行效果图制作的能力。

3. 灵活运用 Enscape 渲染方法进行效果图制作的能力。

素质目标：

1. 培养学生独立思考和解决问题的能力。

2. 培养学生举一反三的学习能力。

思政目标：

1. 培养学生生态节能的意识。

2. 培养学生的工匠精神。

3. 培养学生认真、严谨的职业精神。

一、民宿客房材料的编辑

步骤 1：地砖材质编辑。

（1）使用"选择" ▶ 命令将地面模型选中，双击，进入地面模型的组件内，将地面模型选中。

（2）使用"材质" ◉ 命令，在软件界面右边"材料"编辑界面中，单击"选择"界面，在下拉框内选择"图案"，如图 4-36 所示。在"图案"界面中选择任意一种图案，用"材质"命令将其附给地面。

视频 4-4

材质编辑

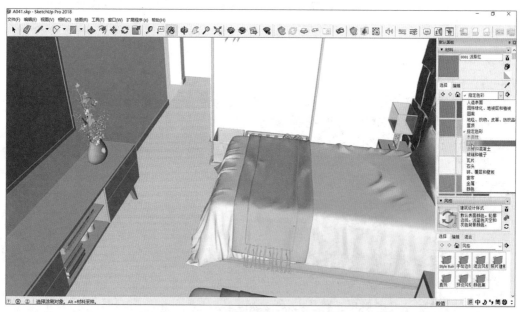

图　4-36

（3）单击软件界面右侧材料编辑界面中的"编辑"命令，勾选"使用纹理图像"，单击"文件夹" ▣ 命令，在弹出的对话框中找到地砖材质贴图的储藏位置，选中地砖材质贴图，单击"打开"，如图 4-37 所示。

（4）在软件界面右侧的材料编辑界面中调整地砖材质的大小，分别输入长度1 200毫米、宽度1 200毫米，如图4-38所示。

图 4-37　　　　　　　　　　　　　　　　　图 4-38

（5）使用"选择" ▶ 命令将地面模型选中，右击，选择"纹理"命令中的"位置"，如图4-39所示。

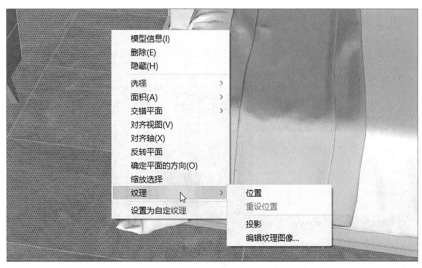

图 4-39

（6）使用"拖动" 🐾 命令，拖动地砖材质，边拖动边观察地砖的纹理，使其保证视觉明显地方的地砖保持整块。

步骤2：其他材质编辑。重复上述方法，完成其他材质的编辑。

小技巧：为了保证材质编辑看上去比例适合、更真实，需要学生了解常见室内装饰材料的常用规格，材料规格的知识在互联网上可以轻松获得。

二、民宿客房灯光的编辑

视频 4-5

灯光编辑

在灯光编辑之前，需要在电脑上安装好 Enscape 软件，Enscape 是与 SU 软件搭配使用的插件性软件，其具备操作简单、在线实时渲染等优点受到很多从业设计师的青睐。

步骤 1：创建射灯光源。

（1）单击工具栏中的"Enscape"图标，弹出"Enscape 对象"对话框，如图 4-40所示。

图　4-40

（2）单击"射灯"命令 　射灯，在轨道射灯模型位置单击，确定蓝色的基底，再次单击，确定射灯的定位，最后单击确定射灯照射的方向，如图 4-41 所示。

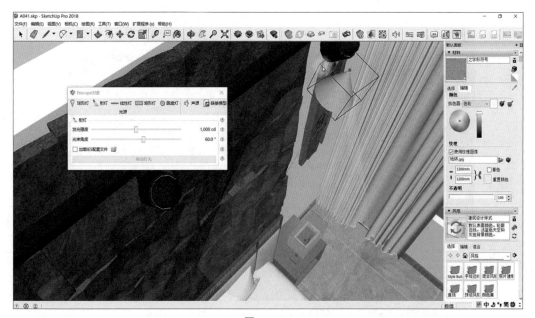

图　4-41

（3）单击射灯照射轴线上的红点，移动鼠标可以调整优化射灯照射的方向。

步骤2：编辑射灯光源参数。

（1）将光标放在参数滑杆上，按住鼠标左键，调整发光强度至2 000光强左右。

（2）将光标放在参数滑杆上，按住鼠标左键，调整光束角度至60度左右，如图4-42所示。

图　4-42

（3）勾选"Enscape对象"中的"加载IES配置文件"，弹出对话框，找到射灯光域网素材所在的文件夹，选中"射灯.IES"素材，单击"打开"，如图4-43所示。

图　4-43

（4）选择"移动" ✛命令，选中射灯的光源，沿着红色轴线逐一进行复制，分别放在其他射灯模型的下方。

步骤3：创建台灯光源。

单击"球形灯"命令 💡球形灯，在台灯灯罩内单击，确定球形灯轴线的第一个点，然后移动鼠标，沿着灯光轴线垂直向下，再次单击，确定球形灯轴线的第二个点，最终创建完成球形灯。

步骤 4：编辑台灯光源。

（1）将光标放在参数滑杆上，按住鼠标左键，调整发光强度至 500 光强左右。

（2）将光标放在参数滑杆上，按住鼠标左键，调整光源半径为 0.5 米左右，如图 4-44 所示。

图　4-44

（3）选择"移动" ✛ 命令，选中台灯光源，优化调整其位置，使其在灯罩范围内。

步骤 5：在 Enscape 中再次编辑材质参数。

（1）单击"Enscape 材质" ⬡ 命令，弹出"Enscape 材质"对话框，如图 4-45 所示。

图　4-45

（2）单击"Enscape 材质"界面的"凹凸"命令，单击"使用反射率"通过数量大小调整材质的粗糙质感，数值越大，材料表面越粗糙。

（3）单击"Enscape 材质"界面的"反射"命令，通过调整"粗糙度"数值和"镜面"数值的大小体现材料的光泽感，如图 4-46 所示。

图　4-46

三、渲染效果图

步骤 1：创建场景。

（1）单击工具栏中的"相机"—"定位相机"，在客厅地面上单击，确定相机的位置。

（2）单击工具栏中的"相机"—"漫游"，按住鼠标左键往前或往后移动鼠标，从而调整视角画面的前后景深。按住鼠标滑轮移动鼠标，可以调整视角画面的左右范围，直至画面构图完美。

（3）单击工具栏中的"视图"—"动画"—"添加场景"，在画面的左上角生成"场景号 1"，从而将调整好的画面保存下来。

步骤 2：渲染效果图。

（1）单击工具栏中的 "启动 Enscape"命令，如图 4-47 所示。

图　4-47

（2）单击渲染工具栏中的"实时更新"命令，从而保证对模型调整后在效果图中及时体现出来。

（3）单击渲染工具栏中的"视觉设定"命令，在"视觉设定"命令中，单击"渲染"，在"渲染"命令中，通过灵活调整"曝光度"来控制效果图的整体亮度，曝光度一般在 28% 左右比较适中。

（4）在"视觉设定"命令中，单击"影像"，在"影像"命令中，根据需要的效果，灵活调整"阴影""饱和""色温"的数值。

（5）在"视觉设定"命令中，单击"天气环境"，在"天气环境"命令中，通过调整"照明"中的"阳光强度"数值来控制阳光的强弱，调整"地平线"的旋转数值来控制阳光照射的方向。

（6）在"视觉设定"命令中，单击"输出图像"，修改所需的效果图分辨率数值。通过"默认文件夹"设置效果图保存的地址，通过"文件格式"的下拉框选择需要的效果图出图格式，一般为 .jpg 格式。

 任务小结

本任务主要讲述了客房材质、灯光、渲染的参数编辑方法，系统讲解了地砖的材质编辑，射灯、球形灯的编辑，Encape 渲染的方法。学生灵活掌握方法，实现知识迁移。

 课外技能拓展训练

运用所学知识以及所给定素材，完成酒店客房效果图制作。

 检查评价

民宿客房的材料、灯光编辑及渲染任务学习评分表如表 4-3 所示。

表 4-3　民宿客房的材料、灯光编辑及渲染任务学习评分表

考查内容	考核要点	配分	评分标准	得分
材料编辑	灵活调整材质的参数	40 分	材料规格合理、质感明确，1~40 分	
灯光编辑	创建灯光，并且灵活运用灯光的参数	40 分	灯光选用正确、亮度适中，1~40 分	
渲染	渲染出效果较好的效果图	20 分	效果图角度合理，光线、质感真实，1~20 分	

项目 5
庭院景观效果图项目实践

　　庭院景观设计在目前室内外设计中占有重要位置，庭院景观效果图表现是能否打动客户和顺利进行项目落地的关键性因素，本书中所阐述的庭院景观主要是别墅庭院景观，其效果图表现注重结构细节、材质表现、植物配置等相关要素，因此，需要设计人员在效果图呈现过程中做到精益求精，如图 5-1 所示。

图 5-1　新中式庭院景观效果图

 项目提要

　　本项目需要读者在掌握 SketchUp 基础命令和了解庭院景观设计基本知识的基础之上，依托庭院景观平面图，并利用 SketchUp、Lumion 等软件来完成。

 建议学时

　　12 学时。

任务 5-1　庭院景观效果图建模

 情境导入

　　在老师的带领下，同学们一起观看某庭院景观设计动画，他们对于整个视频呈现的内容都感觉到比较好奇。小张询问老师，我们什么时间能够通过软件制作出来这样的动画效果呢？老师通过展示的视频，介绍了操作步骤，激发了同学们的学习兴趣，并对接下来的课程学习内容进行了安排。

 任务目标

知识目标：

1. 了解庭院景观效果图表现的基本流程。

2. 熟悉庭院景观效果图表现的基本内容。

3. 掌握庭院景观效果图模型制作的方法。

技能目标：

1. 提升学生制作庭院景观效果图的软件应用能力。

2. 提高学生从理论到实践的综合学习能力。

3. 深化学生庭院景观的设计表达能力。

素质目标：

1. 培养学生独立思考和解决问题的能力。

2. 培养学生举一反三的学习能力。

思政目标：

1. 引导学生了解中国传统文化在庭院景观中的运用。

2. 树立学生的匠心精神。

3. 培养学生严谨的职业精神。

一、庭院景观平面图优化整理

　　在利用平面图建模之前，为了提升作图的效率和速度，必须对原始的平面图进行整理，步骤如下。

　　步骤 1：打开素材库，选择"项目 5"文件夹，打开庭院景观平面图，如图 5-2 所示。

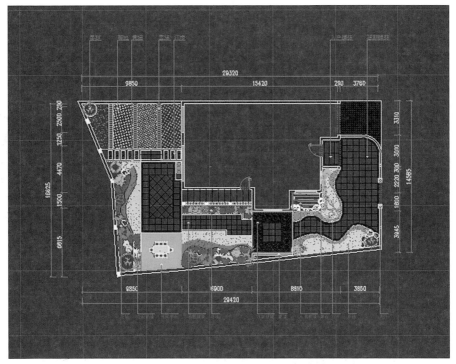

图　5-2

　　步骤2：删除平面图中的文字和尺寸标注、植物，以及所有的填充图例，仅保留平面造型线条。

　　步骤3：连接图中未闭合的线条，修复平面造型，使所有的线条造型均处于闭合状态，图样整理效果如图5-3所示。

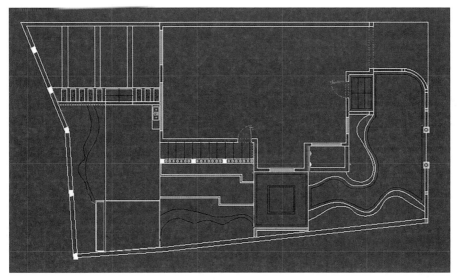

图　5-3

步骤 4：存储调整好的平面图文件，存储格式如图 5-4 所示。

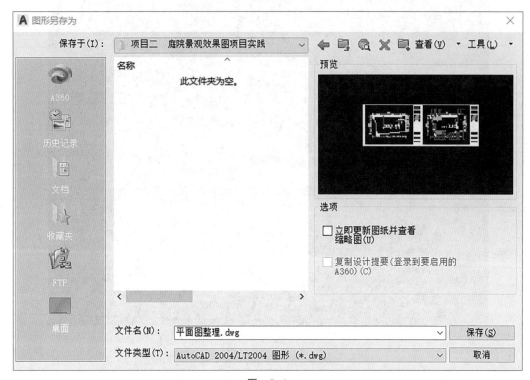

图　5-4

　　小技巧：在文件存储过程中，为了提升与 SketchUp 软件的兼容性，最好存储为较低版本。本案例存储为 AutoCAD2004 格式。

二、庭院景观效果图建模

将整理好的 CAD 图样文件导入 SketchUp 软件，步骤如下。

步骤 1：新建文件。启动 SketchUp 软件，新建一个空白文件。

步骤 2：导入 AutoCAD 文件。打开 SketchUp 软件，使用"文件"——"导入"命令，选择整理好的 AutoCAD 文件，在导入命令面板上单击"选项"命令，调整单位为毫米，并勾选"合并共面平面"和"平面方向一致"。单击"好"按钮，再单击"导入"按钮，调整面板如图 5-5 所示。这样就可以把 AutoCAD 图形比较完整、准确地导入 SketchUp 软件。

步骤 3：炸开平面图。在平面图上右击，选择"炸开"命令炸开平面图，如图 5-6 所示。

图 5-5

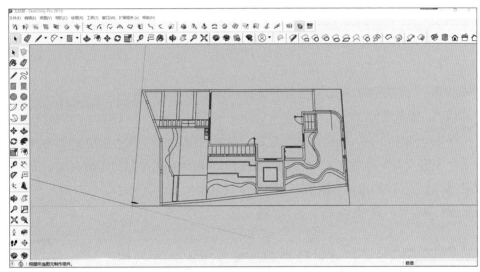

图 5-6

小技巧：在炸开平面图的过程中往往遇到软件卡顿、死机以及崩溃等情况，可在 SketchUp 主界面中，选择"窗口"—"系统设置"—"常规"选项，取消勾选"自动检测模型的问题"选项，如图5-7所示。

步骤4：封闭平面。利用"直线"命令，封闭图形，使其成为一个闭合平面，使用"选择" 工具，全选平面，右击，在弹出的菜单上，选择翻转平面，并对平面进行群组，如图5-8所示。

图 5-7

113

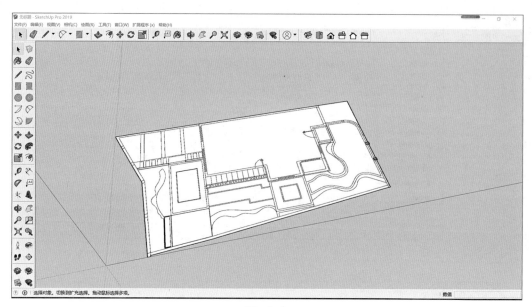

图 5-8

小技巧：可以运用插件工具进行一键封面，提升作图效率。

步骤5：绘制围墙。

（1）双击群组，进入群组内部，使用"推拉" ⬧命令，往上推拉，在主界面右下角对话框中输入围墙高度为 2 200 毫米，并按回车键确认，绘制出围墙高度，依次使用"推拉" ⬧命令，推拉出所有的围墙高度，完成效果如图 5-9 所示。

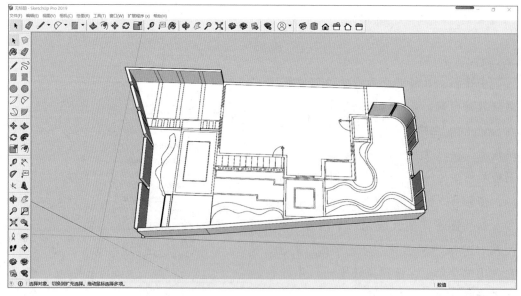

图 5-9

（2）使用"选择" ▶ 命令，选择围墙顶部平面，使用"偏移" ⌒ 命令，在主界面右下角对话框中输入偏移距离 30 毫米，单击回车键，使用"推拉" ◆ 命令，选择偏移的造型并向上推拉，在主界面右下角对话框输入推拉高度 20 毫米，按回车键确认，再一次使用"推拉" ◆ 命令，选择围墙顶部推拉出高度为 20 毫米，选择"橡皮擦"，擦除多余的线条，这样就完成了围墙压顶的制作，以此类推，制作其余围墙压顶，完成效果如图 5-10 所示。

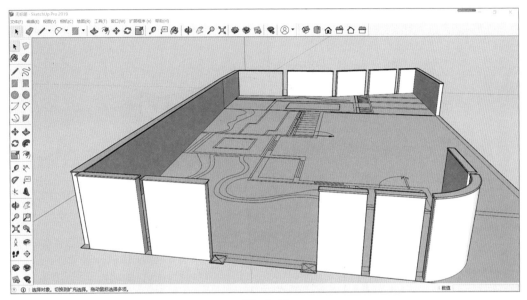

图 5-10

步骤 6：制作入口大门立柱。

（1）使用"矩形" ▦ 命令，在立柱的平面图上绘制大小相同的矩形，使用"推拉" ◆ 命令，向上推拉 300 毫米，在主界面右下角对话框中输入 300 毫米，按回车键确认。使用"选择" ▶ 命令，选择立柱基础顶部矩形，使用"偏移" ⌒ 命令，向内偏移，在右下角对话框中输入 20 毫米，按回车键确认，如图 5-11 所示。

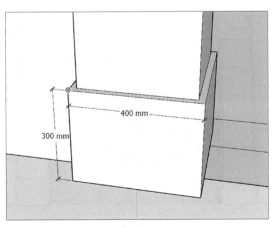

图 5-11

（2）使用"推拉" ◈命令，在右下角对话框输入1 300毫米，按回车键确认，使用"偏移" ◉命令，选择柱体顶部矩形向内偏移。右下角对话框输入20毫米，按回车键确认，使用"推拉" ◈命令，在右下角对话框中输入300毫米，按回车键确认。

（3）使用"偏移" ◉命令，在柱体顶部向外偏移，在右下角对话框中输入20毫米，按回车键确认，使用"推拉" ◈命令，在柱体的顶部往上推拉30毫米，如图5-12所示。

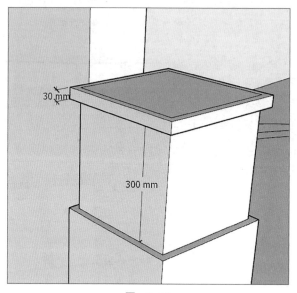

图　5-12

（4）使用"选择" ▸命令，选择全部主体，右击，进行群组。

（5）使用"移动" ✥命令，选择已经群组的柱体，按住Ctrl键，复制已经群组的柱体，并对齐到大门另一侧的柱体平面上，复制结果如图5-13所示。

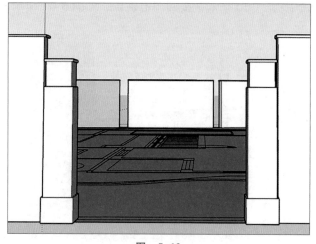

图　5-13

小技巧：为了保证复制的精确性，应选择复制的参考基点，本案例分别选择柱体平面图一角为基点，复制到另一柱体平面图的相同位置。

步骤 7：制作围墙立柱。使用"矩形"工具，依据平面图，绘制大小相同的矩形，使用"推拉"工具，推拉出和围墙相同的高度，建模效果如图 5-14 所示。

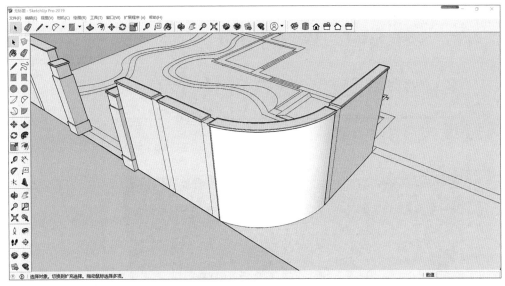

图　5-14

步骤 8：绘制铺装道路。

（1）绘制入口铺装。使用"选择" ▶ 命令，选择入口铺装围边，使用"推拉" ◆ 命令向上推拉 50 毫米。选择铺装平面，使用"推拉" ◆ 命令向上推拉 50 毫米，使用"选择" ▶ 命令，选择入口平台向上推拉 30 毫米，如图 5-15 所示。

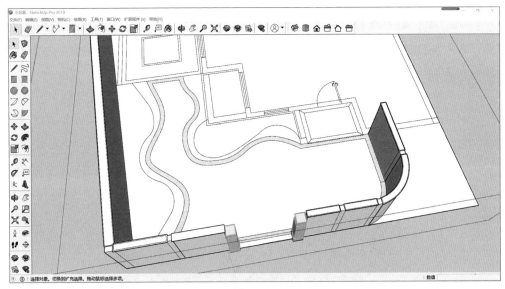

图　5-15

（2）使用"选择" ▶ 命令，选择大门左侧道路以及道路围边，使用"推拉" ◆ 命令向上推拉 50 毫米。以此类推，完成其他休闲平台以及木平台模型的制作。

（3）绘制菜地周边道路。使用"选择" ▶ 命令，选择菜地道路，使用"推拉" ◆ 命令向上推拉 30 毫米。使用"选择" ▶ 命令，选择菜地中的青石板铺装，使用"推拉" ◆ 命令向上推拉 50 毫米。使用"选择" ▶ 命令，选择菜地入口铺装，使用"推拉" ◆ 命令向上推拉 50 毫米。模型绘制结果如图 5-16 所示。

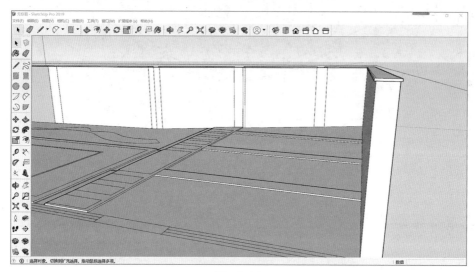

图　5-16

步骤 9：绘制菜地围墙。

（1）使用"直线" ✎ 工具，依据菜地围墙平面图进行描绘，并形成闭合图形，使用"推拉" ◆ 命令，向上推拉，右下角对话框输入 1 200 毫米，按回车键确认。使用"直线" ✎ 工具，对菜地右侧围墙平面图进行描绘，捕捉 4 个顶点，形成闭合图形，在描绘过程中注意捕捉矩型，描绘完成以后，使用"推拉" ◆ 命令向上推拉，右下角对话框输入 1 200 毫米，按回车键确认，完成效果如图 5-17 所示。

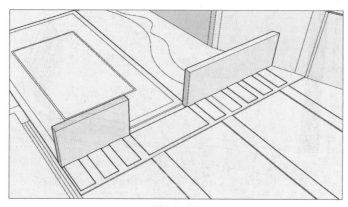

图　5-17

（2）绘制围墙压顶。使用"选择" ▶ 命令，选择围墙顶部，使用"偏移" ⑦ 命令，向外偏移 20 毫米，使用"选择" ▶ 命令，选择围墙顶部平面，使用"推拉" ◆ 命令，向上推拉 30 毫米，制作效果如图 5-18 所示。

图 5-18

步骤 10：制作木平台景墙。

使用"矩形" ▣ 工具，绘制出休闲平台景墙的平面造型，使用"推拉" ◆ 命令，向上推拉 1 200 毫米。使用"直线" ∕ 工具，描绘出景墙花坛的平面造型，使用"推拉" ◆ 命令，向上推拉 300 毫米，绘制效果如图 5-19 所示。

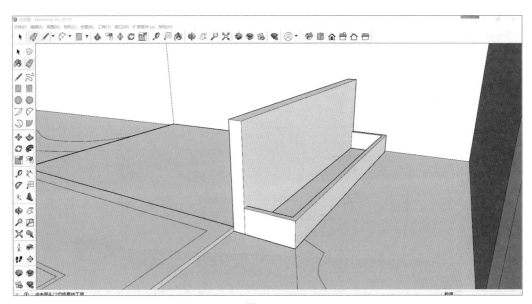

图 5-19

步骤 11: 制作入户门景墙。

（1）制作景墙模型。使用"矩形" 🔲 工具，依据平面图，绘制出入户门景墙的平面造型，使用"推拉" 🔷 命令，向上推拉，在右下角对话框中输入 2 500 毫米，按回车键确认。全选景墙模型，右击，在弹出的对话框选择"创建群组"命令，对景墙进行群组，效果如图 5-20 所示。

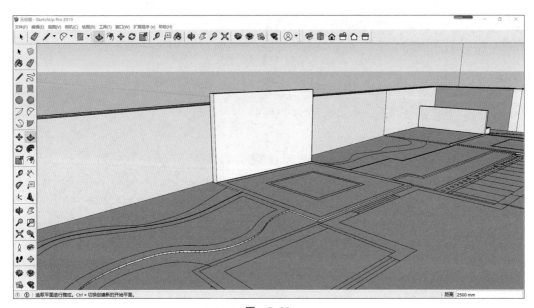

图 5-20

（2）制作景墙装饰。

①选择"卷尺" 🔎 工具，绘制景墙装饰辅助线，绘制效果如图 5-21 所示。

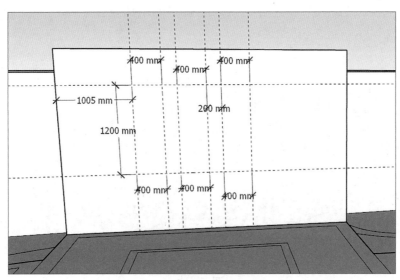

图 5-21

②使用"矩形" ▦ 命令，依据辅助线，绘制出 1 200 毫米 × 400 毫米矩形 3 个，使用"推拉"命令，向外推拉 50 毫米。使用"选择" ▶ 命令，选择辅助线，按 Delete 键删除，效果如图 5-22 所示。

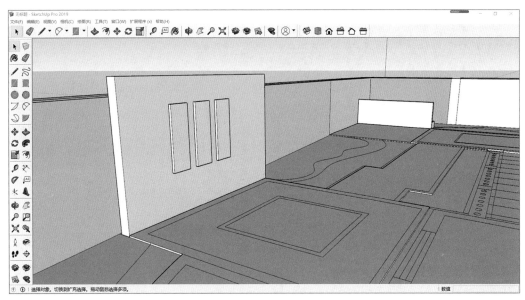

图　5-22

步骤 12：制作水景模型。

（1）使用"直线"工具，描出水池造型，使用"推拉"工具，向上推拉 600 毫米，制作池壁。

（2）使用"偏移"命令，选择池壁顶端，向外偏移 20 毫米，使用"推拉"命令，向上推拉 20 毫米，完成水池造型制作，效果如图 5-23 所示。

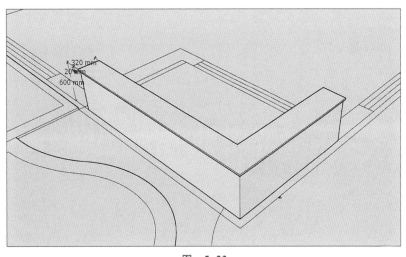

图　5-23

步骤 13：绘制建筑模型。建筑外观模型绘制方法具体参照建筑外观模型制作项目，本项目案例中，为了突出景观，建筑模型用轮廓造型代替。

使用"直线"命令，描出建筑外轮廓，向上推拉 8 000 毫米，并进行群组，绘制效果如图 5-24 所示。

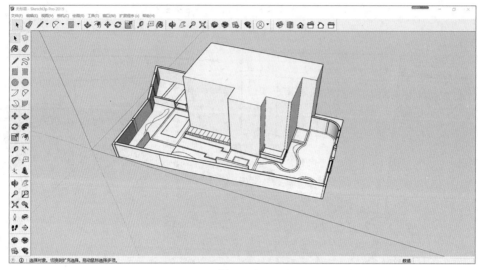

图　5-24

步骤 14：绘制建筑连廊。

（1）双击建筑连廊平面图，进入群组内部，选择圆形装饰柱，使用"推拉"工具，向上推拉 1 200 毫米。

（2）使用"推拉"工具，选择装饰柱基础，向上推拉 300 毫米。

（3）选择支撑柱顶部平面，向上推拉 1 200 毫米。

（4）按 Esc 键，退出编辑群组，使用"矩形"工具，绘制围栏压顶，效果如图 5-25 所示。

图　5-25

步骤 15：导出图形。

经过以上步骤，庭院景观效果图建模部分已经绘制完毕，选择角度，保存为图片格式，会更加直观地查看建模效果。出图步骤如下。

（1）使用鼠标和滚轮，把模型旋转到合适角度，如图 5-26 所示。

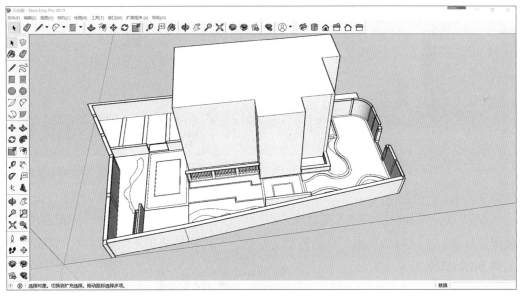

图　5-26

（2）执行"文件 / 导出 / 二维图形"命令，弹出对话框，如图 5-27 所示，最终出图效果如图 5-28 所示。

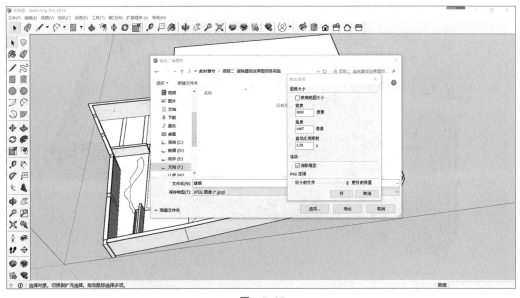

图　5-27

123

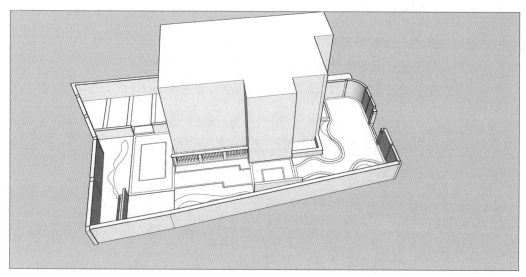

图　5–28

步骤 16：添加材质，导入素材库中本项目的建筑外观模型，并对齐到相关位置，使用"材质"工具对场景中所有物体赋予材质，不同物体使用不同的材质，完成效果如图 5–29 所示。

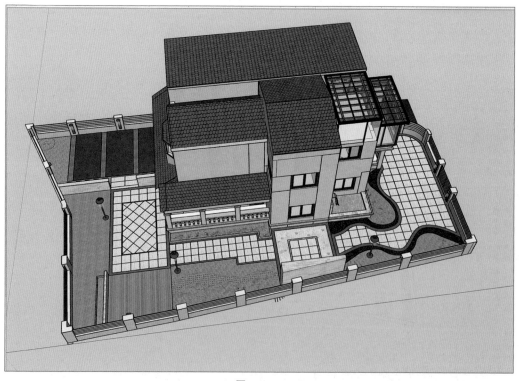

图　5–29

任务小结

本任务主要讲述了利用 AutoCAD 平面图来完成庭院景观三维建模的具体步骤，系统讲解了效果图建模的方法和技巧，学生可以依据方法，举一反三，做出更加优秀的作品。

 课外技能拓展训练

运用所学知识以及所给定素材，完成新中式庭院景观效果图模型制作。

 检查评价

庭院景观效果图建模任务学习评分表如表 5-1 所示。

表 5-1　庭院景观效果图建模任务学习评分表

考查内容	考核要点	配分	评分标准	得分
AutoCAD 平面图整理	规范整理原始平面图，删除填充图例、植物、小品等平面图例	15 分	图样整理规范，10 分 检查断开线条，并补充绘制，5 分	
导入格式	图形单位	10 分	导入选项，单位统一为毫米，10 分	
建模细节	围墙建模、立柱建模、地面建模、水景建模四个部分，设计尺寸、造型以及比例关系	60 分	围墙建模，1~15 分 柱体建模，1~15 分 地面建模，1~15 分 水景建模，1~15 分	
出图格式	保存格式和出图设置，保存位置	15 分	出图格式，5 分 出图设置，10 分	

任务 5-2　编辑庭院景观效果图材质与配景

 情境导入

回顾别墅庭院景观在模型绘制中的技巧与方法，重点强调模型制作过程中存在的问题，播放完成效果图片，激发学生的兴趣，为接下来的课程开展打下好的基础。

任务目标

知识目标：

1. 了解庭院景观效果图材质和配景的使用技巧。

2. 熟悉庭院景观效果图材质表现的基本内容。

3. 掌握庭院景观效果图材质和配景使用的基本方法。

技能目标：

1. 掌握利用 D5 软件完成庭院景观效果图的后期处理。

2. 提高学生效果图后期处理综合学习能力。

3. 深化学生的庭院景观的设计表现能力。

素质目标：

1. 培养学生独立思考和解决问题的能力。

2. 培养学生举一反三的学习能力。

思政目标：

1. 引导学生在设计中体现精益求精的工匠精神。

2. 培养学生的审美思维。

3 培养学生严谨的职业精神。

步骤 1：打开 D5 软件，导入庭院景观模型，效果如图 5-30 所示。

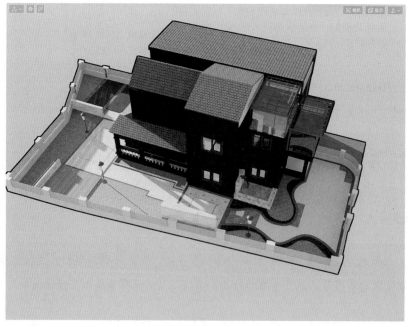

图　5-30

步骤 2：打开 D5 素材库，使用系统材质，完成建筑主体材质贴图，主要包括墙面材质、顶面材质、金属材质以及玻璃材质，并根据实际情况调整材质大小，完成效果如图 5-31 所示。

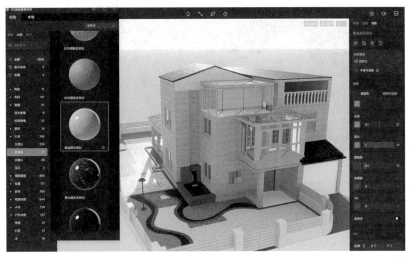

图　5-31

步骤 3：完成地面材质贴图，主要使用花岗岩材质，完成效果如图 5-32 所示。

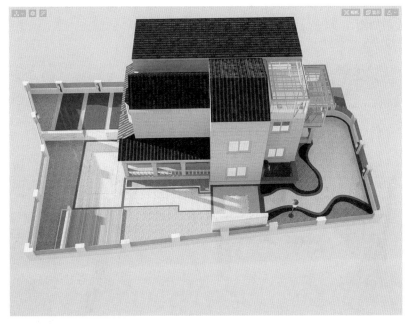

图　5-32

步骤 4：完成植物材质贴图和植物造景搭配，使用模型素材，添加植物景观模型，注重植物景观的搭配关系，完成效果如图 5-33 所示。

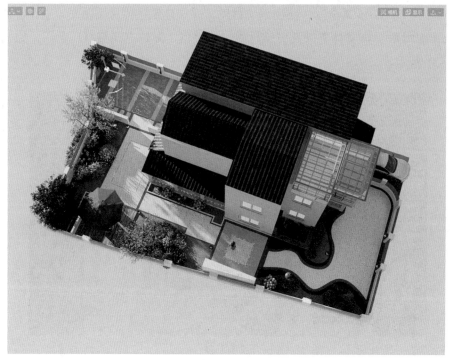

图　5-33

步骤5：添加人物配景素材。根据景观效果图表现需要，在合适位置添加人物素材，完成效果如图 5-34 所示。

图　5-34

步骤 6：添加灯具配景素材。根据景观效果图表现需要，在合适位置添加灯具素材，完成效果如图 5-35 所示。

图 5-35

步骤 7：添加户外配景素材。根据景观效果图表现需要，在木平台位置添加户外素材，完成效果如图 5-36 所示。

图 5-36

步骤 8：渲染出图。选择合适的角度，对已完成模型进行渲染出图。

（1）调节曝光参数。在 D5 工作界面，把效果图调整到渲染出图的角度，在界面"后期"面板中，关闭自动曝光，手动调节曝光参数，如图 5-37 所示。

图　5-37

（2）调节背景天空。在 D5 工作界面，把效果图调整到渲染出图的角度，在界面"环境"面板中，选择 HDRI 天空，找到适用的天空贴图，如图 5-38 所示。

图　5-38

（3）调节天气场景。在 D5 工作界面，把效果图调整到渲染出图的角度，在界面"环境"面板中，选择不同天气场景，找到适用的天气场景，如雨雪等天气。

（4）调节出图大小参数。在 D5 工作界面，选择出图，调整图片输出尺寸，如图 5-39 所示。

图　5-39

（5）渲染输出。单击"渲染"命令，渲染出图，出图通道根据需要可以选择打开或关闭，文件保存到计算机合适位置，效果如图 5-40 所示。

图　5-40

任务小结

　　本任务主要讲述了利用 D5 软件来完成庭院景观效果图渲染出图的具体步骤，系统讲解了效果图后期处理美化的技法，学生可以举一反三，在方法上优化创新，绘制出更加优秀的庭院景观效果图。

 课外技能拓展训练

　　运用所学知识以及所给定素材，完成新中式庭院景观效果图后期渲染。

 检查评价

　　编辑庭院景观效果图材质与配景任务学习评分表如表 5-2 所示。

表 5-2　编辑庭院景观效果图材质与配景任务学习评分表

考查内容	考核要点	配分	评分标准	得分
模型导入	模型导入正确	10 分	导入完整，10 分	
材质贴图和配景	材质使用、植物搭配、小品添加、人物添加	50 分	材质使用，1~20 分 植物搭配，1~10 分 小品添加，1~10 分 人物添加，1~10 分	
出图格式	保存格式和出图设置，保存位置	40 分	保存格式，15 分 出图设置，25 分	

项目 6
乡村民宿建筑效果图项目实践

　　景观建筑是室外景观设计的重要组成部分，建筑与景观中的山、水、植物等深度融合，能够达到情景交融、互相衬托的目的，形成一个不可分割的整体。本书中所阐述的建筑主要是乡村民宿建筑，其效果图表现要求注重造型结构、材质肌理、尺度大小等相关要素，如图 6-1 所示。因此，需要设计人员在效果图制作过程中彰显高效、严谨的工作作风。

图 6-1　乡村民宿建筑效果图

项目提要

本项目需要读者在掌握 SketchUp 基础命令和了解建筑设计基本知识的基础之上，依托建筑平面图，并利用 SketchUp 软件来完成。

 建议学时

12 学时。

任务 6-1　乡村民宿建筑效果图建模

 情境导入

　　小张跟着老师一起去乡村考察，发现乡村的民居建筑很有特色，建筑材料就地取材，建筑风貌融于自然。小张询问老师，我们能不能通过软件制作出建筑效果图呢？于是，返校后老师首先介绍了建筑模型软件制作的步骤，激发了同学们的学习兴趣，并对接下来的课程学习内容进行了安排。

 任务目标

知识目标：

1. 了解乡村民宿建筑效果图表现的基本流程。

2. 熟悉乡村民宿建筑模型制作的基本内容。

3. 掌握乡村民宿建筑效果图模型制作的方法。

技能目标：

1. 提升学生乡村民宿建筑模型制作的软件操作能力。

2. 提高学生对乡村民宿建筑模型结构的认知能力。

3. 深化学生乡村民宿建筑设计的表达能力。

素质目标：

1. 培养学生独立分析问题的能力。

2. 培养学生具备良好的心理素质和克服困难的素养。

思政目标：

1.培养学生认真严谨的职业态度。

2.树立学生精益求精的工匠精神。

3.培养学生树立环保、和谐、奉献的理念。

一、建筑平面图整理

视频 6-1

CAD 图形导入

在利用建筑平面图建模之前，需要对原始平面图进行简化整理，步骤如下。

步骤 1：打开素材库，选择"项目 6"文件夹，打开建筑平面图，如图 6-2 所示。

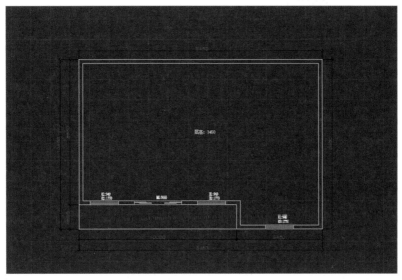

图 6-2　建筑原始平面图

步骤 2：删除平面图中的文字、尺寸标注以及填充图例等，仅保留基础建筑结构线条，并确保所有线条造型均处于闭合状态。

步骤 3：存储整理优化后的原始平面图文件，最好存储为较低版本，确保与 SketchUp 软件的兼容性。

二、建筑效果图建模

将整理好的建筑原始平面图文件导入 SketchUp 软件中，具体步骤如下。

步骤 1：启动 SketchUp 软件。

步骤 2：导入 AutoCAD 文件。打开 SketchUp 软件，使用"文件"——"导入"命令，选择整理好的 AutoCAD 文件，单击"选项"命令，调整单位为毫米，并勾选"合并共面平面"和"平面方向一致"。单击"好"按钮，再单击"导入"按钮，调整面板如图 6-3 所示。这样 AutoCAD 原始平面图就成功导入 SketchUp 软件中。

图 6-3　导入建筑原始平面图

步骤 3：炸开平面图。在导入的建筑原始平面图上右击，选择"炸开"命令炸开平面图，如图 6-4 所示。

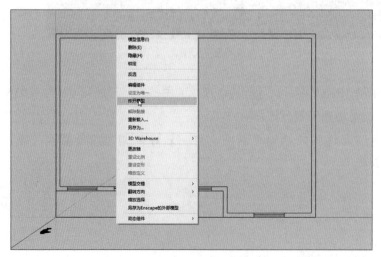

视频 6-2

图形炸开设置

图 6-4　炸开平面图

步骤4：封闭平面图形。利用插件工具进行一键自动封面，封闭图形，使其成为一个闭合平面，如图6-5所示。

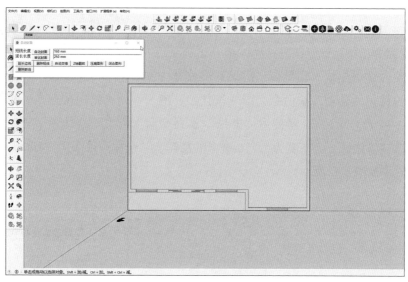

图6-5　封闭平面图形

步骤5：删除多余线条。使用"选择" ▸工具，选择平面图中多余的线条，如平面窗户线条，删除后能提高建模的效率，注意选择时，要细心选取线条，不要误将线条所在面删除。

步骤6：绘制建筑墙体。使用"选择" ▸工具，选择建筑墙体所在面，使用"推拉" ◈命令，移动鼠标往上推拉，在主界面右下角对话框中输入建筑墙体高度尺寸为3 450毫米，并按回车键确认，以此类推，依次使用"推拉" ◈工具，推拉出其余所有建筑墙体的高度，完成效果如图6-6所示。

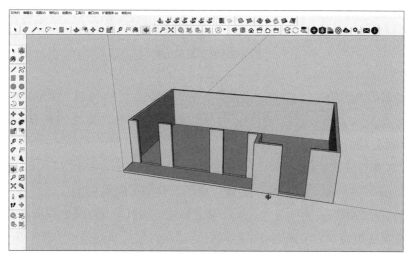

图6-6　建筑墙体绘制

137

小技巧：完成第一次建筑墙体高度推拉，若后面的墙体高度不变，则可双击，完成墙体相同高度快速推拉。

步骤 7：绘制建筑门窗洞。

（1）绘制窗洞。使用"选择" ▶ 工具，选择窗洞所在面，使用"推拉" ◆ 命令，移动鼠标往上推拉，结合建筑原始平面图尺寸，在主界面右下角对话框中输入建筑窗户离地高度尺寸为 940 毫米，并按回车键确认。使用"移动" ✛ 命令，同时按住 Ctrl 键，移动并复制窗户底面向上 1 770 毫米高度，再使用"推拉" ◆ 命令向上推拉至墙体顶部，此时建筑墙体已开出高度为 1 770 毫米的窗洞，其余窗洞可采用"移动" ✛ 命令复制完成，效果如图 6-7 所示。

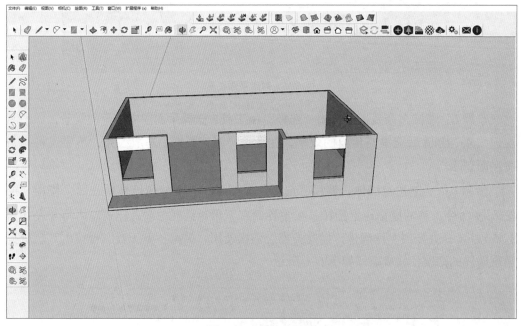

图 6-7　建筑窗洞绘制

（2）绘制门洞。使用"卷尺" ⬡ 工具，在门洞位置沿墙角向上测量出门洞的高度 3 000 毫米，使用"直线" ✐ 工具绘制出门洞上方平面，再用"推拉" ◆ 命令向上推拉至墙体顶部，此时建筑墙体上已经开出高度为 3 000 毫米的门洞，完成效果如图 6-8 所示。

步骤 8：制作建筑屋顶。

（1）绘制屋顶立面。将视图切换到前视图，使用工具栏中的"前视图" ⌂ 命令，在相机选项中开启平行投影，用"直线" ✐ 工具向上绘制出 900 毫米高度的垂直线，并分别连接屋顶底边线左右两侧端点，此时已绘制出高度为 900 毫米的坡屋顶立面形态，接着在其他视图中建立同样高度的坡屋顶立面形态，如图 6-9 所示。

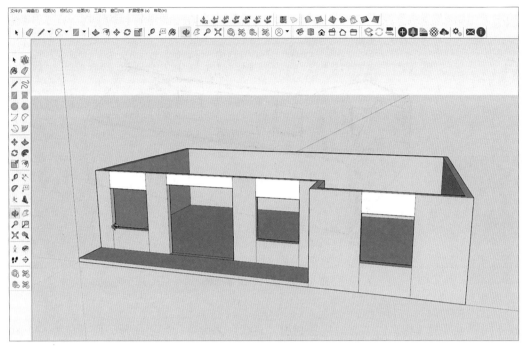

图 6-8　建筑门窗洞绘制

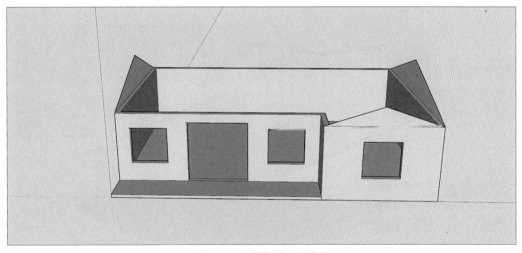

图 6-9　建筑屋顶立面绘制

（2）绘制屋顶厚度。使用"推拉" ◆ 命令，在右下角对话框输入 240 毫米，按回车键确认，拉伸出屋顶厚度，与建筑墙体厚度一致，并进行群组，如图 6-10 所示。

（3）绘制屋檐平面。将视图切换至俯视图，使用工具栏中的"俯视图" ▥ 命令，在相机选项中开启平行投影，使用"直线" ✏ 工具，绘制出建筑挑出屋檐的平面造型，在右下角对话框中输入屋檐宽度 600 毫米，按回车键确认。以此类推，在其他视图中，

139

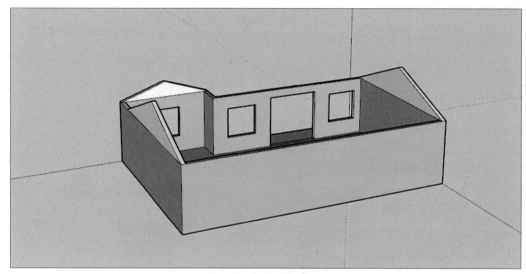

图 6-10 建筑坡屋顶形态

建立同样宽度的屋檐平面形态。接着利用"直线" ✏ 命令，封闭图形，使其成为一个闭合平面，删除多余的线条，并进行细节完善，如图 6-11 所示。

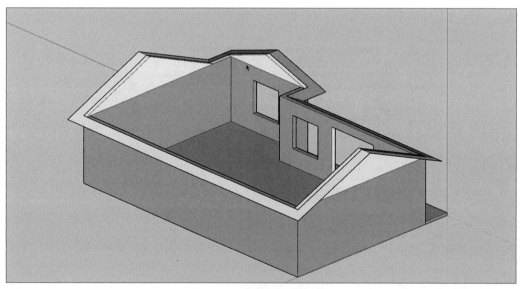

图 6-11 建筑屋檐平面形态

小技巧：在不同视图绘制时，需要根据屋檐各方向的造型，沿着红、绿轴线精确绘制，避免出现不共面的情况。

（4）完善屋檐造型。使用"选择" ▸ 命令，选择全部主体，右击，进行群组。使用"移动" ✦ 命令，将屋檐群组垂直向上移动一定距离，单击进入群组，方便进一步绘制。使用"直线"／工具，在不同视图中，绘制出建筑屋檐凹凸的造型线条，绘制完成后，使用"移动"❖命令，将屋檐移动到建筑合适的位置，如图 6-12 所示。

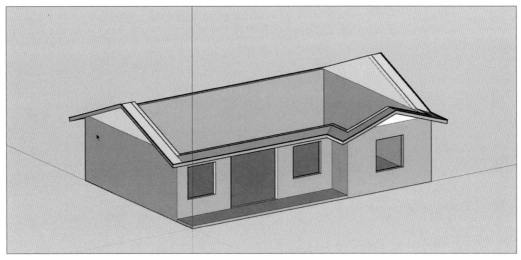

图 6-12　建筑屋檐整体形态

（5）建筑屋顶封面。使用"直线"／命令，连接屋顶线条，封闭屋顶平面图形，使其成为闭合平面，如图 6-13 所示。

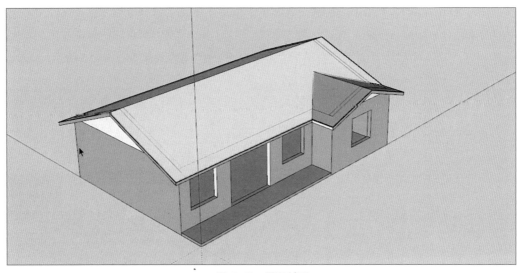

图 6-13　屋顶封面

步骤 9：制作建筑门窗。

（1）制作建筑窗户。将视图切换到前视图，使用工具栏中的"前视图"⌂命令，在相机选项中开启平行投影。选择"矩形"▨工具，在模型中创建一个长为 1 800 毫米、宽为 1 770 毫米的矩形。接着用"卷尺"🖉工具进行窗户细节尺寸定位，窗户结构由 4 块玻璃面板与内外木质框架组成，窗户框架宽度为 50 毫米。使用"推拉" ◆工具，推拉出 40 毫米窗框厚度。使用"选择" ▶ 命令，选择全部窗户主体，右击，进行群组。此时，窗户基本绘制完成，建模效果如图 6-14 所示。

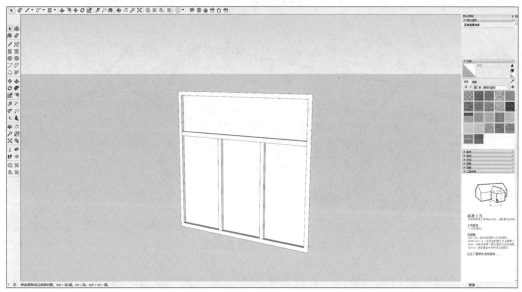

图 6-14　窗户造型

（2）制作建筑大门。用"矩形" ▦ 工具，创建一个长为 3 000 毫米、宽为 3 000 毫米的矩形，用"卷尺" ⬚ 工具进行细节尺寸定位，其余步骤参照窗户制作方法，最后将绘制好的把手模型放置到大门合适的位置。建筑大门建模效果如图 6-15 所示。

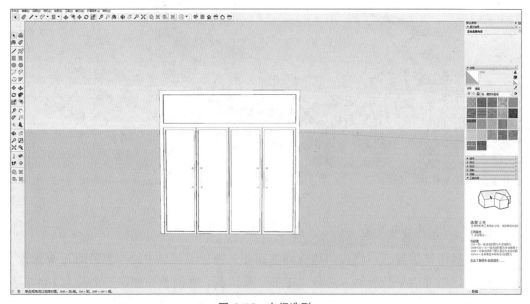

图 6-15　大门造型

（3）调整门窗位置。使用"移动" ✥ 命令，将绘制好的门窗模型移动到建筑门窗洞相应的位置。另两扇窗户，通过"移动" ✥ 命令，同时按 Ctrl 键，移动并复制到对应窗洞处，效果如图 6-16 所示。

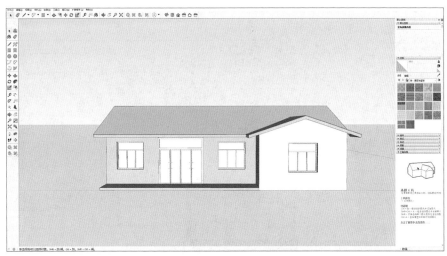

图 6-16　建筑门窗位置调整

步骤 10：制作建筑台阶。按住鼠标滚轮，移动视野，选择建筑底面，使用"推拉" ✥ 工具，将建筑底面向下推拉出 600 毫米的高度，为台阶高度。接着将视图切换到前视图，使用工具栏中的"前视图" ⚯ 命令，在相机选项中开启平行投影。用"卷尺" ✎ 工具，以大门中线为基准，定位好台阶位置与尺寸，台阶长度为 3 000 毫米，每一个台阶踏步高度为 150 毫米。选择"直线" ✎ 工具，沿着定位线，绘制出台阶立面形态。使用"推拉" ✥ 工具，向外推拉出每一台阶踏步宽度为 300 毫米。删除多余线条，并沿着墙垣绘制出离地高度为 750 毫米的墙垣线。此时建筑台阶制作完成，如图 6-17 所示。

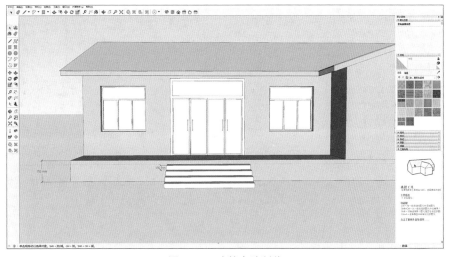

图 6-17　建筑台阶制作

步骤 11：导出模型。

视频 6-4

出图步骤技巧

经过以上步骤，乡村民宿建筑效果图建模部分已经绘制完毕，选择角度，保存为图片格式，能够更加直观地看到建模效果。出图步骤如下。

（1）使用鼠标和滚轮，把模型旋转到合适角度，如图 6-18 所示。

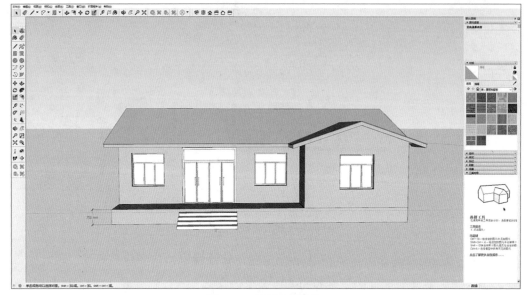

图 6-18　模型角度选择

（2）执行"文件/导出/二维图形"命令，弹出对话框，如图 6-19 所示，最终出图效果如图 6-20 所示。

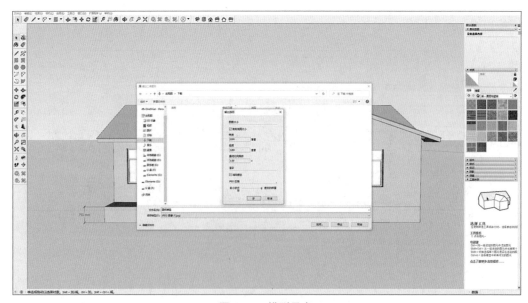

图 6-19　模型导出

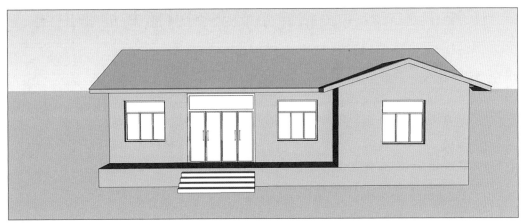

图 6-20　建筑模型导出效果

 任务小结

　　本任务主要讲述了利用 AutoCAD 平面图来完成乡村民宿建筑三维建模的具体步骤，系统讲解了乡村民宿建筑模型制作的方法和技巧，学生可以举一反三，绘制出更加优秀的建筑作品。

 课外技能拓展训练

　　运用所学知识以及所给定素材，完成别墅建筑模型制作。

 检查评价

　　乡村民宿建筑效果图建模任务学习评分表如表 6-1 所示。

表 6-1　乡村民宿建筑效果图建模任务学习评分表

考查内容	考核要点	配分	评分标准	得分
AutoCAD 平面图整理	规范整理原始平面图，删除填充图例、植物、小品等平面图例	15 分	图样整理规范，10 分 检查断开线条，并补充绘制，5 分	
导入格式	图形单位	10 分	导入选项，单位统一为毫米，10 分	
建模细节	墙体建模、屋顶建模、门窗建模、材质贴图四个部分，设计尺寸、造型以及比例关系	60 分	墙体建模，1~15 分 屋顶建模，1~15 分 门窗建模，1~15 分 材质贴图，1~15 分	
出图格式	保存格式和出图设置，保存位置	15 分	保存格式，5 分 出图设置，10 分	

任务 6-2　乡村民宿建筑效果图材质与渲染出图

 情境导入

　　小张在老师的指导下，完成了乡村民宿建筑效果图建模，但是没有建筑材料的模型缺少美感，于是小张询问老师，我们能不能通过软件将材料赋予建筑模型，并制作出乡村民宿建筑的自然效果呢？于是，老师继续介绍了乡村民宿建筑效果图材质与渲染出图的步骤，对接下来的课程内容进行了具体安排。

 任务目标

知识目标：

1. 了解乡村民宿建筑效果图材质表现的基本步骤。

2. 熟悉乡村民宿建筑效果图表现的基本内容。

3. 掌握乡村民宿建筑效果图渲染出图的方法。

技能目标：

1. 提升学生乡村民宿建筑模型材质贴图的软件操作能力。

2. 提高学生乡村民宿建筑效果图渲染的软件表现能力。

3. 深化学生乡村民宿建筑效果图的表达能力。

素质目标：

1. 培养学生解决问题的能力。

2. 培养学生实事求是的学风精神。

思政目标：

1. 培养学生积极向上的学习态度。

2. 培养学生持之以恒的工匠精神。

　　步骤 1：建筑材质贴图。

　　（1）建筑门窗材质。使用"材质" 🖌 工具，在材质库中选择门窗元素的木质纹材质和玻璃材质，赋予门窗模型相应材质，并在编辑中调节合适的材质颜色、纹理位置与大小，如图 6-21 所示。

　　（2）建筑墙体材质。使用"材质" 🖌 工具，在材质库中选择合适的墙体仿水泥漆材质和粗糙毛石材质，赋予建筑内外主墙体混凝土材质，赋予建筑外墙下方地基部分毛石材质，有稳固地基和外墙装饰的功能。接着在编辑中，调节合适的材质颜色、纹理位置与大小，如图 6-22 所示。

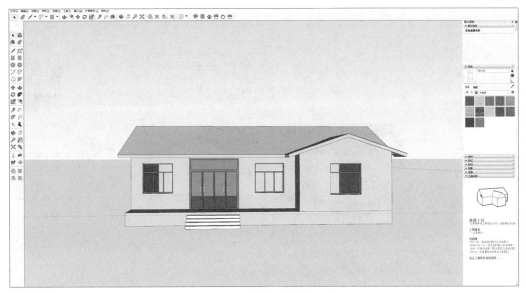

图 6-21　建筑门窗材质贴图

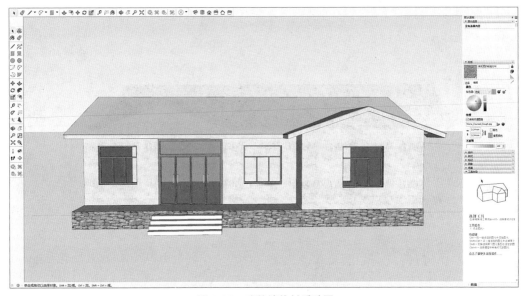

图 6-22　建筑墙体材质贴图

（3）建筑台阶材质。参照上述步骤，使用"材质" 🎨 工具，在材质库中选择与墙体一致的仿水泥漆材质，并将材质赋予建筑台阶，调节合适的材质颜色、纹理位置与大小。

（4）建筑屋顶材质。参照上述步骤，在材质库中选择合适的屋顶材质，调节材质颜色、纹理，如图 6-23 所示。建筑模型整体材质编辑完成，如图 6-24 所示。

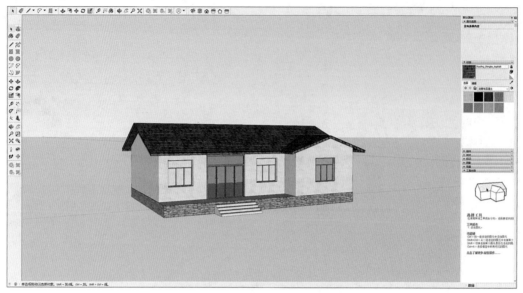

图 6-23　建筑屋顶材质贴图

图 6-24　建筑材质编辑完成效果

　　步骤 2：建筑模型渲染出图。

　　（1）建筑模型渲染设置。启动渲染插件，在渲染插件中调整渲染视角和光线，在视觉设置中，根据实际建筑模型渲染要求，合理进行主菜单、图像、环境、天空、输出等设置，如图 6-25 所示。

　　（2）建筑模型渲染导出。渲染设置调整后，单击渲染图像，选择渲染图像导出位置与格式，单击"保存"，如图 6-26 所示。建筑模型渲染完成效果如图 6-27 所示。

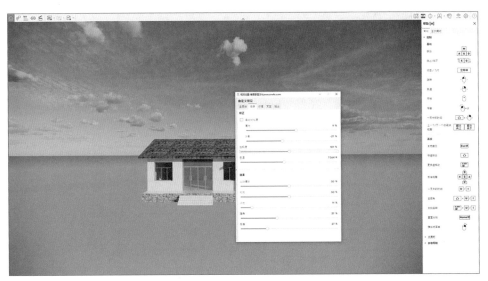

图 6-25　模型渲染设置

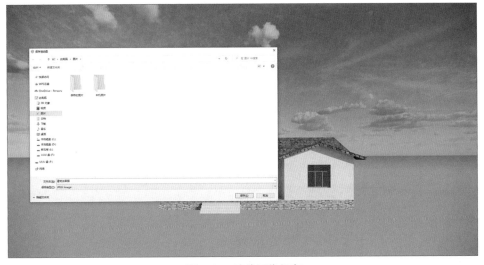

图 6-26　渲染图像保存

视频 6-5

出图步骤技巧

图 6-27　建筑模型最终效果图

步骤 3：保存建筑模型源文件。经过以上步骤，建筑模型效果图已经绘制完毕，最后对建筑模型源文件进行保存，执行"文件/保存"命令，弹出对话框，如图 6-28 所示。

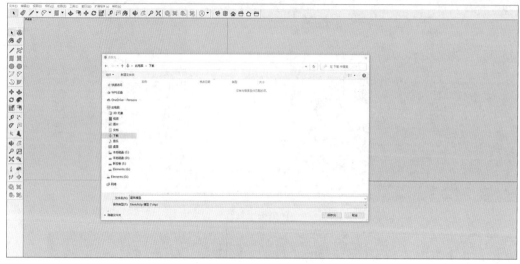

图 6-28 建筑源文件保存

 任务小结

本任务主要讲述了利用 SketchUp 来完成乡村民宿建筑三维模型材质与渲染出图的具体步骤，系统讲解了乡村民宿建筑效果图制作的方法和技巧，学生可以举一反三，渲染出更加优质的建筑效果。

 课外技能拓展训练

运用所学知识以及所给定素材，完成乡村民宿建筑效果图材质与渲染出图制作。

 检查评价

乡村民宿建筑效果图材质与渲染出图任务学习评分表如表 6-2 所示。

表 6-2 乡村民宿建筑效果图材质与渲染出图任务学习评分表

考查内容	考核要点	配分	评分标准	得分
材质贴图	建筑墙体、屋顶、门窗、台阶等材质贴图编辑	60 分	材质选择，30 分 材质纹理、颜色、大小等编辑，30 分	
模型效果图渲染	模型效果图渲染设置	25 分	渲染视角设置，10 分 渲染参数设置，15 分	

考查内容	考核要点	配分	评分标准	得分
渲染出图	出图格式和渲染出图设置，保存位置	10 分	出图格式，2 分 渲染出图设置，8 分	
模型保存	保存格式设置	5 分	保存格式，5 分	

任务 6-3　乡村民宿建筑效果图后期处理

情境导入

　　小张在老师的指导下顺利完成了乡村民宿建筑效果图渲染出图，但是他发现建筑效果图由于缺少景观环境的衬托，显得单调。于是小张询问老师，我们能不能通过其他软件，将乡村民宿建筑融于自然环境中，让效果图看上去更加具有乡村民宿的韵味与特点呢？于是，老师详细介绍了乡村民宿建筑效果图后期处理的步骤，使乡村民宿建筑效果更具风貌。

任务目标

　　知识目标：

　　1. 了解乡村民宿建筑效果图后期处理的基本步骤。

　　2. 熟悉效果图后期处理的基本内容。

　　3. 掌握建筑效果图后期处理的基本方法。

　　技能目标：

　　1. 提升学生效果图后期处理的软件操作能力。

　　2. 提高学生效果图后期处理的表现效率。

　　3. 深化学生建筑效果图的后期处理能力。

　　素质目标：

　　1. 培养学生良好的协作精神。

　　2. 培养学生成为操作能力强的技术性人才。

　　思政目标：

　　1. 引导学生具备审美意识与创新意识。

　　2. 培养学生优秀的敬业精神。

　　步骤 1：建筑效果图导入。打开 Photoshop 软件，选择文件选项中的"打开"命令，在对话框中选择渲染完成的建筑乡村民宿建筑效果图，导入 Photoshop 软件中，如图 6-29 所示。

图 6-29　建筑效果图导入

步骤 2：添加建筑效果图背景。选择"多边形套索"  工具，选择建筑主体，将原有背景删除，如图 6-30 所示。在图层面板上新建图层，用"油漆桶" 工具填充背景为白色。随后搜索合适的乡村远山背景图片置入，调整位置与大小，并将远山背景图层栅格化，修改不透明度为 60%，使背景虚化，如图 6-31 所示。

图 6-30　建筑效果图背景删除

图 6-31 建筑效果图背景添加

步骤 3：添加建筑效果图地面。选择搜索合适的草地素材置入，调整草地位置与大小，选择"仿制图章" 🖳工具，在远山背景与草地交界处进行过渡衔接，如图 6-32 所示。随后在地面空白处填充灰色混凝土路面素材，调整位置与大小，如图 6-33 所示。

图 6-32 建筑效果图草地添加

图 6-33　建筑效果图路面添加

　　步骤 4：添加绿篱带。 选择搜索合适的绿篱带素材置入，调整位置与大小，用于围合乡村民宿建筑庭院，也可通过围栏、围墙、栅栏等进行围合，如图 6-34 所示。

图 6-34　绿篱围合

　　步骤 5：绘制围墙。 选择"矩形" 工具，在建筑两侧绘制围墙，选择合适的毛石素材置入画面围墙位置处，调整图层顺序，将围墙图层置于建筑图层后，即可将多余部分掩盖，如图 6-35 所示。

图 6-35　添加围墙

　　步骤 6：添加绿植。效果图中绿植的添加可以分为前景绿植添加、中景绿植添加、背景绿植添加和收边绿植添加，可以选择乡土植物进行搭配，从而提升乡村民宿建筑效果图的乡村风貌。前景绿植选择草本花卉与绿篱进行搭配，注意植株大小、数量与色彩的协调，将草本花卉调整至合适位置，如图 6-36 所示。中景绿植选择小灌木、大小乔木以及花卉共同搭配，将植物素材调整到合适位置，注意图层先后顺

图 6-36　添加前景植物

155

序，如图 6-37 所示。背景植物以大乔木为主、其余植物为辅，可以将靠后部分植物填充白色，调整不透明度，将其虚化，增强画面层次感，同样需要注意植株大小与图层的先后顺序，如图 6-38 所示。收边绿植主要用于效果图画面的收边作用，可以对植物进行虚实结合搭配，部分植物可以绘制出剪影效果，将颜色改为白色，调整不透明度，将其虚化后前置，能增强画面美感，如图 6-39 所示。

图 6-37　添加中景植物

图 6-38　添加背景植物

图 6-39　添加收边植物

步骤 7：添加树影。在草地与路面添加树影可以加强效果图画面真实感，将树影素材置入后，调整位置与大小，效果如图 6-40 所示。

图 6-40　添加树影

步骤 8：画面完善。乡村民宿建筑效果图后期处理已经基本完成，若在画面中添加人物、动物的剪影素材和石块等，可为画面增添趣味性与生机，如图 6-41 所示。接着添加光晕效果素材，让效果图光感更加明显、环境更显自然，最终效果如图 6-42所示。

图 6-41　画面完善

图 6-42　画面最终效果

步骤 9：最终效果图导出。经过以上步骤，乡村民宿建筑效果图后期处理已经完成，整体调节不透明度，导出为图片格式，能够更加直观地看到建筑模型的最终效果。执行"文件/导出/导出为"命令，弹出对话框，如图 6-43 所示，最终出图效果如图 6-44 所示。

图 6-43 效果图导出

图 6-44 乡村民宿建筑效果图

 任务小结

本任务主要讲述了利用 Photoshop 软件来完成乡村民宿建筑效果图后期处理的具体步骤，系统讲解了效果图后期处理美化的技法，学生可以举一反三，在方法上优化创新，绘制出更加优秀的建筑效果图。

159

即测即练

根据所学知识，完成农村自建房建筑效果图后期处理。

 课外技能拓展训练

运用所学知识以及所给定素材，完成别墅建筑外观效果图后期处理制作。

 检查评价

乡村民宿建筑效果图后期处理任务学习评分表如表 6-3 所示。

表 6-3　乡村民宿建筑效果图后期处理任务学习评分表

考查内容	考核要点	配分	评分标准	得分
图片导入	图片导入后期处理软件	5 分	导入选项，5 分	
后期处理细节	背景处理、地面处理、小品添加、植物添加、光影处理五个部分	75 分	背景处理，1~15 分 地面处理，1~15 分 小品装饰，1~15 分 植物配置，1~15 分 光影效果，1~15 分	
出图格式	保存格式和出图设置，保存位置	20 分	保存格式，10 分 出图设置，10 分	

项目 7
全国职业技能大赛（园艺赛项）项目实践

　　本项目原始地形图源自"中华人民共和国第一届职业技能大赛园艺赛项"，该赛项对接园艺师职业标准，结合园林设计、园林施工岗位，培养设计人才的综合技能与职业素养。参赛选手根据指定的环境、材料，在规定时间内完成 7 米 ×7 米的小花园景观设计并施工，设计内容需包含木作、创意景墙、水池、流水装置、地面铺装等设计元素。

　　赛题小而精，能让我们快速熟悉景观项目的设计与施工流程、效果图制作方法，如图 7-1 所示。

图 7-1　园艺赛题——小花园景观效果图

项目提要

通过本项目的学习，掌握园林景观的 SketchUp 建模、Enscape 渲染环境设置及出图、效果图 Photoshop 后期处理。

注：本项目实操须具备景观设计和相应软件的基础知识。视频中使用的软件版本为 AutoCAD 2014、SketchUp 2018、Enscape 3.0、Photoshop CS 6。

 建议学时

16 学时。

任务 7-1 小花园景观效果图制作

 情境导入

往期园艺项目国赛成果分析，往届学生参赛作品分析。

 任务目标

知识目标：

1. 合理运用景观设计原理知识。

2. 了解景观项目设计基本流程。

3. 熟悉景观项目相关的法律法规和设计规范。

技能目标：

1. 提升学生 SketchUp 建模效率。

2. 提高学生对 SketchUp 软件的融会贯通与灵活运用。

3. 学生能熟练完成小花园的景观效果图建模。

素质目标：

1. 培养学生沟通组织能力和团队协作精神。

2. 引导学生发挥勤奋刻苦、迎难而上的品质。

思政目标：

1. 培养学生精益求精的工匠精神。

2. 引导学生重视中国传统建筑文化的传承与运用。

一、AutoCAD 平面图优化

视频 7-1

小花园景观效果图
制作

打开 AutoCAD 方案平面图，如图 7-2 所示，先将平面图中的尺寸、植物、铺装等多余线条删除，如图 7-3 所示，减少多余线条对模型的干扰，为下一步导入 SketchUp 中建模做准备。

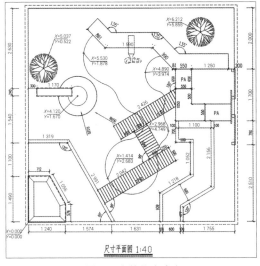

图 7-2（单位毫米）

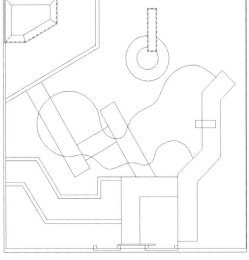

图 7-3（单位毫米）

二、园艺景观项目效果图建模

将整理好的 CAD 图样文件"项目 7-1 素材"导入 SketchUp 软件中，根据竖向标高图尺寸如图 7-4 所示，建立三维模型效果，如图 7-5 所示，具体操作步骤如下。

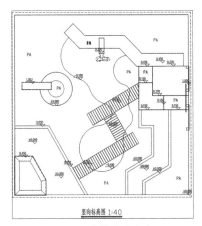

图 7-4（单位毫米）

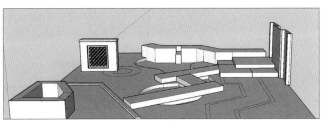

图 7-5

163

步骤1：绘制垂直绿化景墙。利用"矩形"工具（快捷键R）绘制封闭图形，右击"翻转平面"/"创建群组"，效果如图7-6所示。

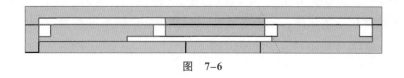

图　7-6

步骤2：建立垂直绿化景墙高度。用"推拉"工具 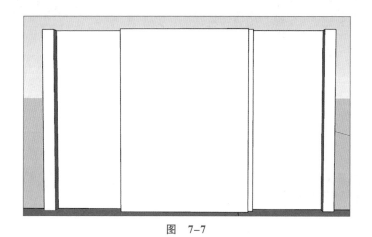 （快捷键P），拉出1 500毫米高度，效果如图7-7所示。

图　7-7

小技巧：建立尺寸相同的高度，"推拉"工具状态下，双击即可。

步骤3：绘制一级平台。使用"直线"工具绘制封闭图形，右击"创建群组"，推拉270毫米高度，效果如图7-8所示。

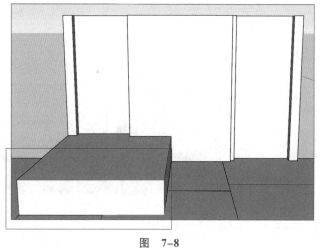

图　7-8

步骤4：绘制二级平台。用"矩形"工具绘制封闭图形，创建群组，推拉150毫米高度，效果如图7-9所示。

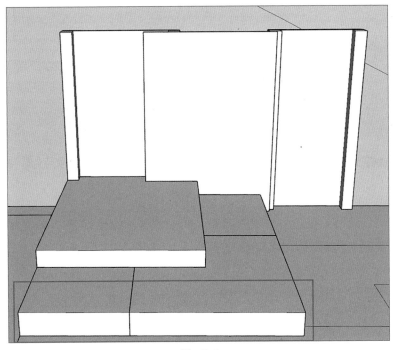

图　7-9

步骤5：绘制景墙。用"直线"工具（快捷键L）绘制封闭图形，创建群组，推拉450毫米高度，如图7-10所示。

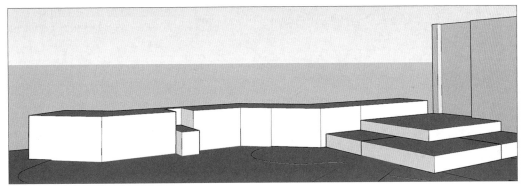

图　7-10

步骤6：绘制流水装置。用"矩形"工具绘制封闭图形，创建群组，推拉300毫米高度，效果如图7-10所示。

步骤7：绘制木栈道。用"直线"工具绘制封闭图形，创建群组，推拉150毫米高度，效果如图7-11所示。

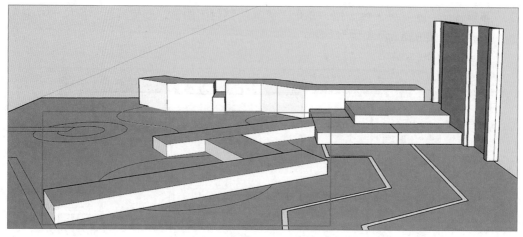

图　7-11

　　步骤 8：绘制园路造型。单击园路，向外偏移（快捷键 F）100 毫米，用"擦除"工具（快捷键 E）擦除园路入口多余线条，效果如图 7-12 所示。

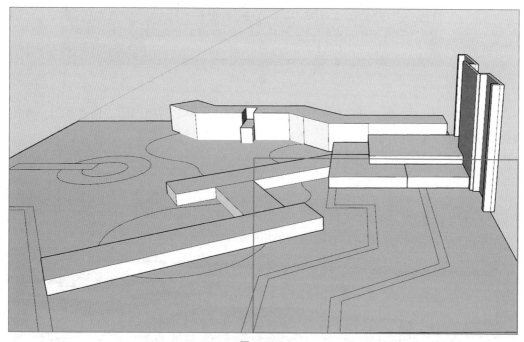

图　7-12

　　步骤 9：绘制树池。用"直线"工具绘制封闭图形，创建群组，推拉 450 毫米高度，效果如图 7-13 所示。

　　步骤 10：绘制平台路沿。用"直线"工具绘制封闭图形，创建群组，推拉 50 毫米高度，效果如图 7-14 所示。

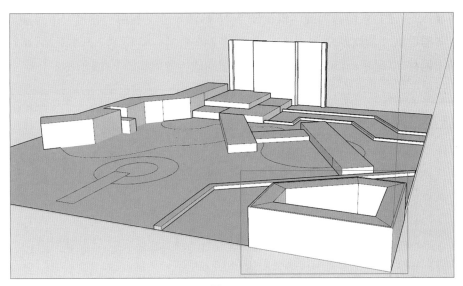

图 7-13

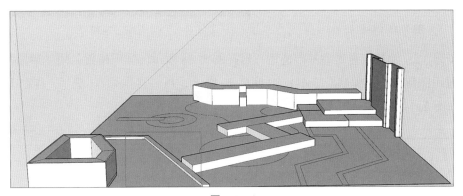

图 7-14

步骤 11：绘制创意景墙。用"矩形"工具绘制景墙底面，推拉 1 052 毫米高度，用"擦除"工具 🖊 擦除模型上多余的线条，效果如图 7-15 所示。

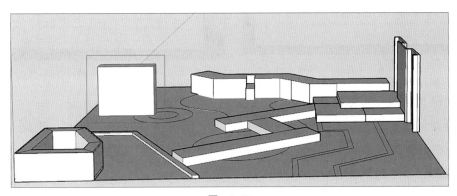

图 7-15

步骤 12：建立景墙辅助线。根据图 7-16 标注尺寸，利用"卷尺"工具 🖉（快捷键 T）画辅助线，依次从墙身由左至右偏移 240 毫米、63 毫米、564 毫米、63 毫米，从上到下偏移 50 毫米、130 毫米、762 毫米辅助线，效果如图 7-17 所示。

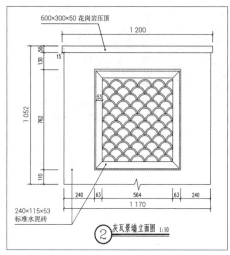

图 7-16（单位毫米）

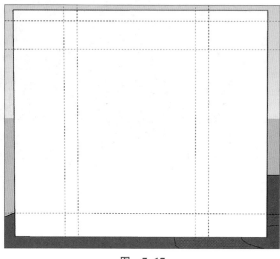

图　7-17

步骤 13：绘制创意景墙基础造型。选择图 7-18 所示的标识位置，用"矩形"工具绘制封闭图形，用"偏移"工具向内偏移 10 毫米，再一次偏移 53 毫米，得到基本框架，如图 7-19 所示。

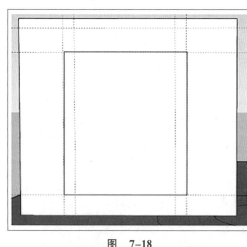

图　7-18

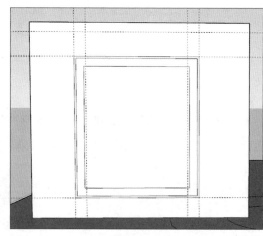

图　7-19

步骤 14：深化创意景墙造型。

立面：选择图 7-20 标识区域，用"推拉"工具推拉 110 毫米的深度，选择 53 毫米宽度范围推拉 20 毫米深度，选择 10 毫米宽度范围推拉 10 毫米深度，效果如图 7-21 所示。

顶面：单击创意景墙顶面，用"偏移"工具向外偏移 15 毫米，用"推拉"工具向下推拉 50 毫米，得到顶部造型，效果如图 7-21 所示。

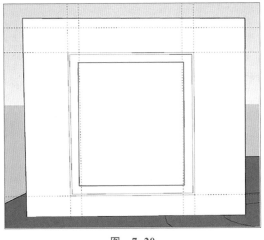

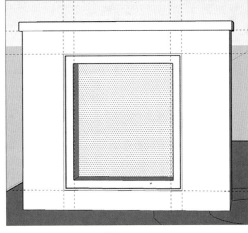

图 7-20

图 7-21

步骤 15：绘制创意景墙装饰瓦片。参照图 7-22 所示瓦片尺寸，用"弧线"工具（快捷键 A），绘制 90 毫米长 × 50 毫米高的弧线，接着用"偏移"工具向外偏移 10 毫米，得到瓦片的立面厚度后，用"直线"工具将瓦片左右两边的厚度底面封口，并选择"创建群组"/"推拉"工具向后推拉 110 毫米的宽度，效果如图 7-23 所示。

图 7-22（单位毫米）

步骤 16：复制瓦片并置入。单击"瓦片群组"，"移动"（快捷键 M）状态下，配合 Ctrl 键可边移动边复制，先横向复制再竖向复制，最后一起群组，完成效果如图 7-24 所示。

图 7-23

步骤 17：绘制水体。单击选中水体，向下推拉 100 毫米深度，效果如图 7-25 所示。

至此，建模部分全部完成，效果如图 7-26 所示。

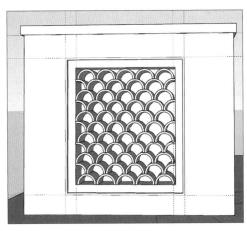

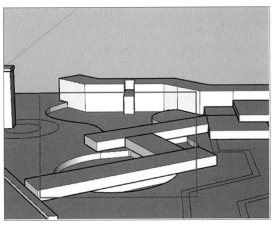

图 7-24

图 7-25

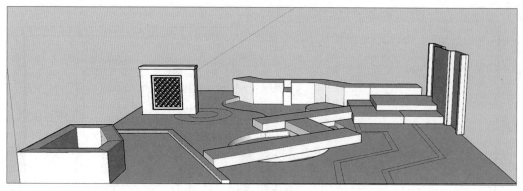

图　7-26

 任务小结

　　该任务以职业院校技能大赛（园艺赛项）赛题为训练任务，通过赛题训练，使学生掌握了技能大赛效果图建模的基本方法，为后续学生参加相关赛事打下了基础。

 课外技能拓展训练

　　根据提供的素材完成 2023 年浙江省职业院校技能大赛园艺赛项模拟题建模。

 检查评价

　　小花园景观效果图制作任务学习评分表如表 7-1 所示。

表 7-1　小花园景观效果图制作任务学习评分表

考查内容	考核要点	配分	评分标准	得分
小花园 CAD 图纸整理	CAD 导出格式	10 分	尺寸符合要求，4 分 比例合理，4 分 材质使用恰当 2 分	
小花园建模细节	建模符合规范，体现场地特点	70 分	地形建模，10 分 道路建模，20 分 水景建模，10 分 景墙建模，10 分 其他建模，20 分	
小花园出图	出图格式准确	20 分	保存格式，10 分 出图设置，10 分	

任务 7-2 小花园景观效果图材质、渲染和出图

 情境导入

> 播放视频案例：范斯沃斯别墅模型，分析视频中的材质、渲染及出图。

 任务目标

> **知识目标：**
>
> 1. 熟悉小花园景观效果图模型的材质赋予方法。
>
> 2. 掌握小花园景观效果图的渲染环境设置及角度选定。
>
> 3. 灵活运用景观造景元素进行方案设计。
>
> **技能目标：**
>
> 1. 培养学生对小花园景观设计的组织能力。
>
> 2. 深化学生 SketchUp、Enscape 软件表现能力。
>
> 3. 学生能熟练完成小花园的景观效果图材质赋予、渲染和出图。
>
> **素质目标：**
>
> 1. 培养学生融会贯通与灵活运用的学习能力。
>
> 2. 培养学生对设计不断学习、刻苦钻研的能力。
>
> **思政目标：**
>
> 1. 引导学生在设计中求真务实、督学践行。
>
> 2. 培养学生的设计责任感和职业敬畏精神。

一、模型材质赋予

打开上次任务素材，依次赋予模型材质，效果如图 7-27 所示，具体操作步骤如下。

步骤 1：赋予草地材质。单击菜单栏的"材质"工具，选择绘图区右侧的"园林绿化、地被层和植被"材质栏中的"草地"材质，依次单击"PA 区域"（植物种植区），效果如图 7-28 所示。

步骤 2：赋予垂直景墙材质。单击"材质工具"，选择"沥青、混凝土"材质栏中合适的石材，赋予垂直景墙材质（样式仅供参考），效果如图 7-29 所示。

视频 7-2

小花园景观效果图
材质、渲染和出图 1

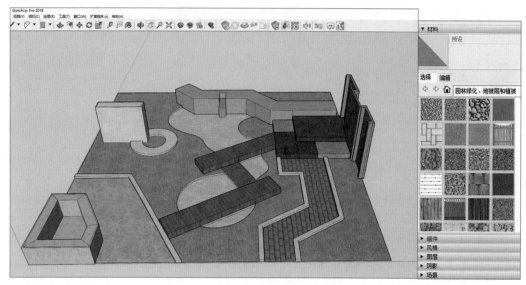

图　7-27

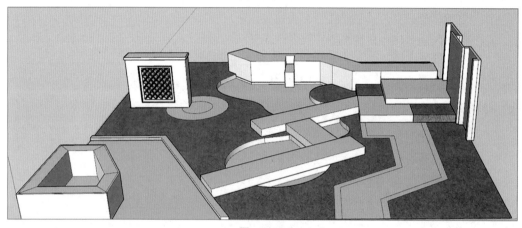

图　7-28

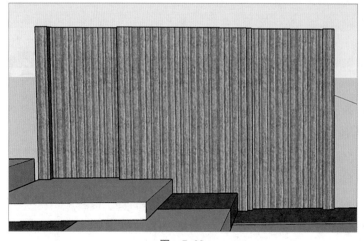

图　7-29

小技巧：快速赋予材质。双击进入"群组"后，再双击"群组"内任意面，可选中全部"组件"，如图 7-30 所示，此时利用材质工具单击任意地方，可将整个群组一次性赋予材质。

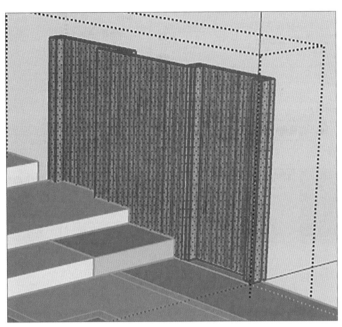

图　7-30

步骤 3：赋予一级平台材质。双击对应"群组"，再双击组内任意面将选中全组，单击"材质工具"，找到合适的材质，快速将材质赋予，效果如图 7-31 所示。

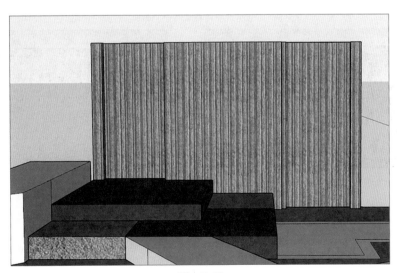

图　7-31

步骤 4：载入 JPG 材质贴图。单击"材质"工具，在绘图区域右侧单击"创建材质"，单击"浏览材质图形文件"，载入"木纹素材 .JPG"后单击"确定"，此时再单击"材质"工具可赋予新载入的 .JPG 格式的素材，如图 7-32 所示

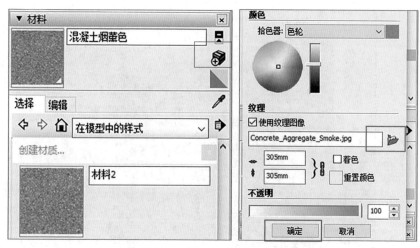

图　7-32

步骤 5：调整木栈道贴图材质方向、大小。单击（群组内双击）已贴好的素材，在贴图上右击，在弹出的菜单上选择"纹理"/"位置"，红色钉子可移动贴图位置，绿色钉子可旋转、缩放，右击"完成"退出。

统一木栈道顶面与侧面纹路方法。单击"材质"工具后，按 Alt+ 单击木栈道顶面取样后，再去单击侧面，可得到纹路对齐的贴图，效果如图 7-33 和图 7-34 所示。

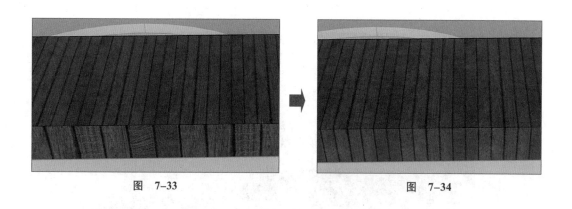

图　7-33　　　　　　　　　　　　　　　图　7-34

小提示：创意景墙、带流水装置景墙、树池、树池旁平台、园路等物体的材质赋予方式可参考步骤 3，全部材质赋予后的效果如图 7-35 所示。

步骤 6：置入植物素材。打开"项目 6 附件 3 植物 SKP 素材"，根据景观设计中植物种植设计原则，选择合适的绿植拖入模型中进行装饰，如图 7-36 所示。

步骤 7：设定场景。为便于后期渲染，调整好出图角度后，可通过设定场景固定相机角度，操作方法：菜单栏—视图—动画—添加场景，如图 7-37 所示。

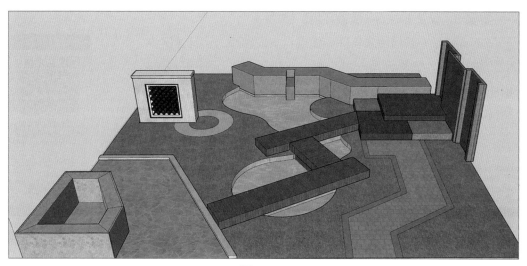

图　7-35

图　7-36

图　7-37

步骤 8：设置 Enscape 渲染环境。

Enscape 是一款插件式软件，优点：占内存小，运行速度快，效果图质量较真实，操作界面一目了然，能快速上手。注：Enscape 3.0 与 SketchUp 2018 配套使用。

视频 7-3

小花园景观效果图
材质、渲染和出图 2

（1）启动 Enscape "渲染"。打开 "实时更新" "同步视图"（图 7-38），可使 SketchUp 中模型更新后，Enscape 渲染窗口同步显示。

图 7-38

（2）Enscape 出图，如图 7-39 所示。

图 7-39

（3）设置常规渲染环境，如图 7-40 所示。

图 7-40

①设置渲染参数，如图 7-41 所示。

a. 样式。其具体参数为：模式为无，观察光影时可设为 "白模" 模式，轮廓线为 0%。

b. 相机。其具体参数为：曝光参数为默认 50%，有需要进行微调。景深需要配合 "焦点" 使用，可使画面有近实远虚的效果。

②设置图像参数，如图 7-42 所示。

a. Corrections。其具体参数为：选择自动对比，高光 0%（正向数值越大，画面亮部区域越亮），阴影 16%（正向数值越大，物体越暗），饱和度 107%（正向数值越大，画面鲜艳度越高），色温 6 969 K（正向数值越大，画面越偏冷色调）。

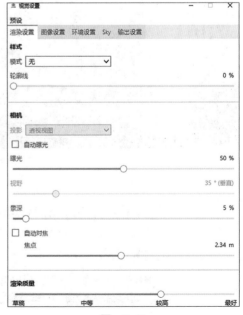

图 7-41

b. 数量：可全部关掉。

③设置环境参数，如图 7-43 所示。

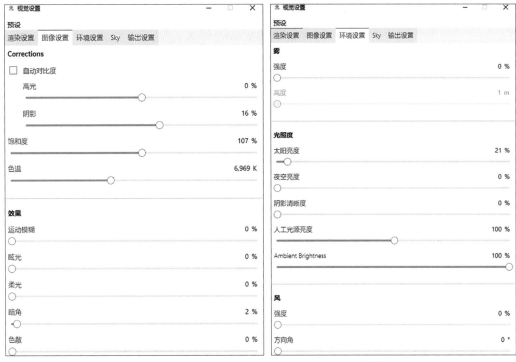

图　7-42　　　　　　　　　　　图　7-43

a. 雾。其具体参数为：强度 0%（数值越大，画面越朦胧；数值越小，画面越干净），高度 1 m（数值越大，地平线越模糊；数值越小，天地界线越分明）。

b. 光照度。其具体参数为：太阳亮度 21%（数值越大，曝光越强），夜空亮度 0%，阴影清晰度 0%，人工光源亮度 100%，Ambient Brightness 100%。

④设置 Sky 参数，如图 7-44 所示。

为了画面更干净、明亮及 Photoshop 后期处理的方便，这里的参数基本全部关掉。

a. 地平线。其具体参数如下。预置：无云天空，旋转 0°，月亮尺寸 100%。

b. 云层。其具体参数为：密度 0%，种类 0%，卷云数量 0%，航迹云 0，经度 0 m，纬度 0 m。

⑤设置输出参数，如图 7-45 所示。

a. General。其具体参数如下。分辨率：高画质（视电脑配置而定）。

b. 图像。其具体参数为：勾选"导出对象 ID、材质 ID 和深度通道"（如有 Photoshop 后期处理的需求），格式设置，可按需选择 JPEG 或 PNG。

c. 视频。其具体参数如下。视频质量：最大；帧速率 FPS：30。

d. 全景图：较高。

视觉设置 — □ ×

预设

渲染设置 图像设置 环境设置 Sky 输出设置

☐ 白色背景

地平线

预置　　　　　无云天空　　　▽

旋转　　　　　　　　　　　　　0 °
○

月亮尺寸　　　　　　　　　　100 %
○

云层

密度　　　　　　　　　　　　0 %
○

种类　　　　　　　　　　　　0 %
○

卷云数量　　　　　　　　　　0 %
○

航迹云　　　　　　　　　　　0
○

经度　　　　　　　　　　　　0 m
○

纬度　　　　　　　　　　　　0 m
○

图　7-44

视觉设置 — □ ×

预设

渲染设置 图像设置 环境设置 Sky **输出设置**

General

分辨率　高画质　　▽　　1920 x 1080　长宽比: 1.78

图像

☑ 导出对象ID、材质ID和深度通道

景深　　　　　　　　　↻ 5529.64 m
　　　　　　　　　　　　　　○

格式　　　JPEG Image (*.jpg)　▽

保存路径　📁

☐ 自动重命名

视频

视频质量　最大　　　　　▽

帧速率FPS　30　　　　　　▽

全景图

分辨率　较高　　　　　　▽

图　7-45

小技巧：按 Ctrl+U/I 组合键可调节光照时间，控制画面光照方向。

步骤 9：Enscape 🖼️出图，效果如图 7-46、图 7-47 所示。

图　7-46

图　7-47

 任务小结

　　该任务以职业院校技能大赛（园艺赛项）赛题为训练任务，通过材质和贴图训练，使学生掌握了技能大赛效果图材质使用的基本方法，为后续学生参加相关赛事打下了基础。

 课外技能拓展训练

　　根据提供的素材完成小花园效果图材质贴图训练。

 检查评价

　　小花园景观效果图材质、渲染和出图任务学习评分表如表 7-2 所示。

表 7-2　小花园景观效果图材质、渲染和出图任务学习评分表

考查内容	考核要点	配分	评分标准	得分
草坪贴图	材质纹理，比例	30 分	贴图纹理，20 分 贴图比例，10 分	
地面贴图	贴图坐标、纹理、比例	50 分	贴图坐标，10 分 贴图纹理，30 分 贴图比例，10 分	
水景贴图	材质纹理	20 分	材质纹理，20 分	

179

任务 7-3　小花园景观效果图后期处理

 情境导入

商业景观效果图赏析，分析近景、中景、远景。

 任务目标

知识目标：

1. 掌握景观效果图的 Photoshop 后期处理方法。

2. 灵活运用相关素材完成小花园后期效果图处理。

3. 熟悉小花园景观效果图的后期处理流程。

技能目标：

1. 提升学生景观设计思维创新能力。

2. 提高学生景观项目综合设计表现能力。

3. 学生能熟练完成小花园景观效果图的 Photoshop 后期处理。

素质目标：

1. 培养学生对方案的细致推敲和构思能力。

2. 培养学生对小花园景观设计的审美能力。

思政目标：

1. 倡导学生注重绿色生态设计与永续发展理念。

2. 培养学生对景观设计的成就感、使命感。

一、任务实施（1）

视频 7-4

小花园景观效果图
后期处理

（1）分析图 7-48 中存在的问题。

①木栈道纹理错位，见紫色圈出部分。

（注：纹理可在材质赋予时对齐，详细步骤见任务 7-2 步骤 5）。

②球状灌木阴影影响美观，见黑色圈出部分。

③红花檵木失真，出现白色色块、树木边缘生硬，见蓝色圈出部分。

④天空、地面及远景单一，见红色圈出部分。

（2）Photoshop 后期处理。

①处理木栈道。

图　7-48

步骤 1：按 Ctrl+J 组合键，复制出"背景图层"，备用。

步骤 2：用"多边形套索"工具圈选侧面纹理错位的木栈道。

步骤 3：按 Ctrl+J 组合键，将选区独立成图层，用"自由变换"工具（快捷键 Ctrl+T）调整好木纹纹理，按回车键退出"自由变换"状态，用"套索"工具圈选多余部分，删除干净，效果如图 7-49 所示。

图　7-49

②处理球状绿植。

步骤 1：使用"钢笔"（快捷键 P）工具，将左侧受光正常的半棵树圈选好。

小技巧：绘制两个锚点后不松手，拖动鼠标可得到曲线，按 Alt 键＋单击锚点，去掉操控手柄后，可画出不受干扰的任意弧度曲线，配合 Shift 键可绘制直线，如图 7-50 所示。

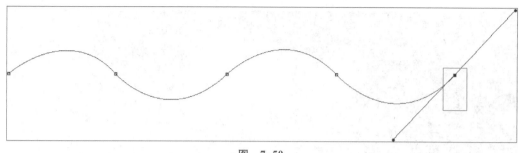

图 7-50

步骤 2：按 Ctrl+ 回车载入选区，按 Ctrl+J 组合键复制一层 / 按 Ctrl+T 组合键后右击—"水平翻转"，调整角度，摆好位置。

步骤 3：添加"蒙版" ⬛◻⬚🗑️ 用"画笔"工具（快捷键 B）擦除多余部分，如图 7-51 所示。

图 7-51

小技巧 1："白色蒙版"配合"黑色前景色" ⬛ /"画笔"工具使用。反之，"黑色蒙版"配合"白色前景色" /"画笔"使用，随时留意蒙版是否在选中的状态下。

小技巧 2：如果两个图层融合得不自然，适当降低"画笔"的"不透明度"和"流量"。

小技巧 3：SketchUp 模型在赋予材质时，可配合"吸管工具"统一材质的方向、大小。

③红花檵木处理。

步骤 1：中景红花檵木缝隙间的白色色块处理。用"污点修复画笔"工具修复，效果如图 7-52 所示。

步骤 2：近景红花檵木的边缘处理。用"套索"工具在近景树上重新圈选一块，按 Ctrl+J 组合键 /Ctrl+T 组合键调整到合适大小、角度。添加"蒙版"，用"画笔"工具融合，效果如图 7-53 所示。

图 7-52 图 7-53

④延长左侧木栈道。

制作思路：复制另外一块木纹，进行遮挡处理。

步骤 1：用"多边形套索"工具，选取木栈道中间一截，按 Ctrl+T 组合键将"图层"独立出来，并移动到最左侧，按 Ctrl+T 组合键，右击，在弹出来的菜单上选择"扭曲"，并调整木纹透视。

步骤 2：把右侧球形灌木复制到左侧，添加"色相饱和度"，将左侧球形灌木的色相调至偏黄，更好地融入暖调中，效果如图 7-54 所示。

图 7-54

⑤远景及天空处理。

步骤 1：利用"快速选择"工具将背景快速选中。

步骤 2：按 Ctrl+Shift+J 组合键将所选区域与背景分离，并单独成图层，隐藏新背景以下的图层。

步骤 3：通道抠图。打开"通道"，找到黑白对比关系最强烈的图层，如"蓝色图层"，右击复制"图层"，或将"蓝色图层"拖至"图层"复制按钮复制出来，如图 7-55 所示。

步骤4：按 Ctrl+L 组合键调出"色阶"面板，移动黑白灰滑块，使画面黑白关系对比更强烈，如图 7-56 所示。

步骤5：按 Ctrl 键 + 单击"图层缩览图"，如图 7-57 所示。将已选的中背景"反选"（按 Ctrl+Shift+I 键），这时会选中远景树木。

步骤6：单击"通道"—"RGB"，如图 7-58 所示。

图　7-55

图　7-56

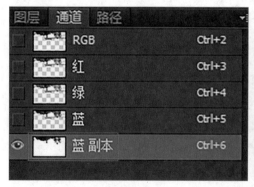

图　7-57

图　7-58

步骤 7：单击"通道"左侧的"图层"，按 Ctrl+J 组合键将所选区域独立复制出来。

步骤 8："隐藏"下方原来的"背景图层"，将显示出新的"图层"（如果图像颜色变淡，可多次按 Ctrl+J 组合键复制，按 Ctrl+E 组合键合并相同图层）。

步骤 9：分别将"项目 6 附件 3 材质素材"中"素材 3 建筑背景""素材 4 建筑背景"放至合适位置，并通过添加"蒙版"融合（具体操作方法见步骤 2，将"所有图层"选中，"盖印"（按 Ctrl+Shift+Alt+E 键）。

步骤 10：添加"照片滤镜"，统一色调。

步骤 11：按 Ctrl+J 组合键复制一层，"滤镜"/"模糊"/"高斯模糊"添加"蒙版"擦出所需景深，如图 7-59 所示。

图　7-59

二、任务实施（2）

（1）分析图 7-60 中存在的问题。

①创意景墙后面的乔木光影过渡不自然。

②天空、地面单一。

③树池乔木缝隙间有杂色。

（2）Photoshop 后期处理。

步骤 1：处理乔木光影。打开素材"7-60"，按 Ctrl+J 组合键将"7-60"复制一层备用并重新命名"新 7-60"，隐藏"7-60"图层，在"新 7-60"图层上利用"多边形套索"工具（快捷键 L，Shift 键切换工具组）在旁边的植株上圈选一块受光正常的树叶，

图 7-60

按 Ctrl+J 组合键将框选区域单独成图层后，移动覆盖。单击图层下方添加蒙版（详细步骤见任务实施（1）"②处理球状绿植 / 步骤 3"），如图 7-61 所示。用"画笔"工具将边缘融合，效果如图 7-62 所示。

图 7-61

图 7-62

步骤 2：处理天空和地面。用"多边形套索"工具圈选天空和地面范围后，按 Ctrl+Shift+J 组合键将所选范围与新背景图层分离，并隐藏新背景图层，效果如图 7-63 所示。

双击图层名称旁边空白处 调出"图层样式"面板，移动"混合颜色带"/"灰色"/"蓝色"滑块，如图 7-64、图 7-65 所示。

完成效果如图 7-66 所示。

图　7-63

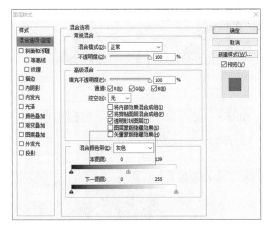

图　7-64

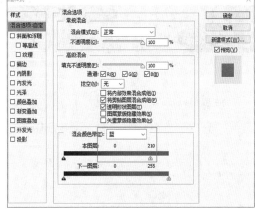

图　7-65

图　7-66

187

步骤 3：处理树池乔木。首先将图层向下移动，消除白边，再删除树池中乔木和旁边灌木，依次使用"多边形套索"工具在草地、树池旁框选合适范围，按 Ctrl+J 组合键独立成图层，移动至瑕疵区域，通过"蒙版"工具 / "橡皮擦"工具融合至背景图层，完成效果如图 7-67 所示。

图 7-67

步骤 4：置入植物素材。打开 7-3 素材"植物"，将所需树木通过"矩形选框"工具或"套索"工具选中素材，复制到树池及树池旁边，效果如图 7-68 所示。

图 7-68

步骤 5：置入建筑背景图片。打开素材 7-3"建筑背景 4"，调整大小并摆放好。在"建筑背景 4"图层与"新 7-60"图层之间添加中景 PSD 植物，让画面更有层次感，效果如图 7-69 所示。

图 7-69

步骤 6：调整图层。按 Ctrl+Shift+Alt+E 组合键将所有图层选中后盖印一层，再按 Ctrl+J 组合键复制一层，通过"滤镜"—"模糊"—"高斯模糊"对图层做模糊处理，添加图层"蒙版"，配合"画笔"工具涂抹画面中心区域，得到画面景深效果。添加"创建调整图层"—"曲线"将画面压暗—"反向"（Ctrl+Shift+I）—配合"画笔"工具擦亮中心区域，得到画面的晕影效果。添加"创建调整图层"/"照片滤镜"给画面增添氛围感。最终效果如图 7-70 所示。

图 7-70

任务小结

本任务主要以全国职业院校技能大赛（园艺项目）效果图表现为主要素材，系统讲解了该项目中建模、Encape 渲染以及后期处理的方法。在学习的过程中学生灵活掌握方法，达到知识迁移、举一反三的目的。

 课外技能拓展训练

以给定素材，完成 2022 年全国职业院校技能大赛园艺项目图纸表现，根据图纸内容，可以采用虚拟仿真的形式，模拟比赛完成场景，进一步推敲设计方案。

 评分标准

小花园景观效果图后期处理任务学习评分表如表 7-3 所示。

表 7-3　小花园景观效果图后期处理任务学习评分表

考查内容	考核要点	配分	评分标准	得分
总体环境	天空、背景	30 分	天空贴图以及色彩，10 分 效果图背景，20 分	
植物景观	植物色彩、比例、数量	50 分	植物色彩，20 分 植物比例，20 分 植物数量，10 分	
水体等	倒影等	20 分	材质纹理 20 分	

附录
SketchUp 常用快捷键

显示 / 旋转鼠标中键

显示 / 平移 Shift+ 中键

编辑 / 辅助线 / 显示 Shift ＋ Q

编辑 / 辅助线 / 隐藏 Q

编辑 / 撤销 Ctrl ＋ Z

编辑 / 放弃选择 Ctrl+T

文件 / 导出 /DWG/DXF Ctrl ＋ Shift+D

编辑 / 群组 G

编辑 / 炸开 / 解除群组 Shift ＋ G

编辑 / 删除 Delete

编辑 / 隐藏 H

编辑 / 显示 / 选择物体 Shift ＋ H

编辑 / 显示 / 全部 Shift ＋ A

编辑 / 制作组建 Alt ＋ G

编辑 / 重复 Ctrl ＋ Y

查看 / 虚显隐藏物体 Alt ＋ H

查看 / 坐标轴 Alt ＋ Q

查看 / 阴影 Alt ＋ S

窗口 / 系统属性 Shift ＋ P

窗口 / 显示设置 Shift ＋ V

工具 / 材质 X

工具 / 测量 / 辅助线 Alt ＋ M

工具 / 尺寸标注 D

工具 / 量角器 / 辅助线 Alt ＋ P

工具 / 偏移 O

工具 / 剖面 Alt + /

工具 / 删除 E

工具 / 设置坐标轴 Y

工具 / 缩放 S

工具 / 推拉 U

工具 / 文字标注 Alt + T

工具 / 旋转 Alt + R

工具 / 选择 Space

工具 / 移动 M

绘制 / 多边形 P

绘制 / 矩形 R

绘制 / 徒手画 F

绘制 / 圆弧 A

绘制 / 圆形 C

绘制 / 直线 L

文件 / 保存 Ctrl + S

文件 / 新建 Ctrl + N

物体内编辑 / 隐藏剩余模型 I

物体内编辑 / 隐藏相似组建 J

相机 / 标准视图 / 等角透视 F8

相机 / 标准视图 / 顶视图 F2

相机 / 标准视图 / 前视图 F4

相机 / 标准视图 / 左视图 F6

相机 / 充满视图 Shift + Z

相机 / 窗口 Z

相机 / 上一次 TAB

相机 / 透视显示 V

渲染 / 线框 Alt + 1

渲染 / 消影 Alt + 2

教师服务

感谢您选用清华大学出版社的教材！为了更好地服务教学，我们为授课教师提供本书的教学辅助资源，以及本学科重点教材信息。请您扫码获取。

>> 教辅获取

本书教辅资源，授课教师扫码获取

 清华大学出版社

E-mail: tupfuwu@163.com
电话：010-83470332 / 83470142
地址：北京市海淀区双清路学研大厦 B 座 509

网址：https://www.tup.com.cn/
传真：8610-83470107
邮编：100084